FORSCHUNGSBERICHTE DES LANDES NORDRHEIN-WESTFALEN

Nr. 2401

Herausgegeben im Auftrage des Ministerpräsidenten Heinz Kühn
vom Minister für Wissenschaft und Forschung Johannes Rau

Prof. Dr.-Ing. Dres.h.c. Herwart Opitz
Prof. Dr.-Ing. Wilfried König
Dr.-Ing. Gerd Sulzer
Dipl.-Ing. Konstantin Bouzakis

AF783450

Laboratorium für Werkzeugmaschinen und Betriebslehre
der Rhein.-Westf. Techn. Hochschule Aachen

Verschleißuntersuchungen beim Wälzstoßen von Geradverzahnungen

Westdeutscher Verlag 1974

© 1974 by Westdeutscher Verlag GmbH, Opladen
Gesamtherstellung: Westdeutscher Verlag

ISBN-13: 978-3-531-02401-1 e-ISBN-13: 978-3-322-88253-0
DOI: 10.1007/978-3-322-88253-0

INHALT

Seite

1. EINLEITUNG 1

2. ANALYSE DER ZERSPANKINEMATIK BEIM WÄLZSTOßEN 3

2.1 Bestimmung der Spanungsquerschnitte 6
2.2 Kollisionsberechnung für den Rückhub 14

3. VERSCHLEIßUNTERSUCHUNGEN 23

3.1 Prinzipielles Verschleißverhalten 24
3.2 Standzeituntersuchungen bei Außenverzahnungen 28

3.2.1 Einfluß des Wälzvorschubs 29
3.2.2 Einfluß der Zweischnittbearbeitung 31
3.2.3 Einfluß der Schnittgeschwindigkeit 36

3.3 Standzeituntersuchungen bei Innenverzahnungen 39

3.3.1 Einfluß des Wälzvorschubs 41
3.3.2 Einfluß der Schnittgeschwindigkeit 45
3.3.3 Einfluß der Zweischnittbearbeitung 47

3.4 Übertragbarkeit der gefundenen Ergebnisse 52

3.4.1 Radbreite 54
3.4.2 Zähnezahl 55

4. WÄLZSTOßEN MIT HARTMETALL 57

4.1 Schneidrad mit HM-Wendeplatten 58
4.2 Versuchsergebnisse 59

5. ZUSAMMENFASSUNG 63

6. SCHRIFTTUM 65

VERWENDETE KURZZEICHEN

A	auslaufende Flanke (Werkzeugflanke, die eine Zahnlücke vom Fuß zum Kopf ausarbeitet)
AB	Abhebebetrag beim Rückhub
AV	seitlicher Achsversatz
DH	Doppelhub
E	einlaufende Flanke (Werkzeugflanke, die eine Zahnlücke vom Kopf zum Fuß ausarbeitet)
K	Kopf
VB	maximale Verschleißmarkenbreite
W	Verdrehwinkel für Koordinatensysteme
a	Tauchtiefe
b	Radbreite
m	Normalmodul
n	Doppelhubzahl
s	Wälzvorschub
v	Schnittgeschwindigkeit
z	Zähnezahl
α	Normaleingriffswinkel
β	Schrägungswinkel
φ	Verdrehwinkel

Indices

1	Schneidrad
2	Werkrad
r	radial

1. EINLEITUNG

In der industriellen Fertigung besteht eine ständige Forderung nach erhöhter Wirtschaftlichkeit der eingesetzten Fertigungsverfahren. Im Bereich der spanenden Fertigung führte dies zu einer fortlaufenden Verbesserung der verwendeten Werkzeugmaschinen und Schneidstoffe. Dabei ist eine deutliche Wechselwirkung zu beobachten: verbesserte Schneidstoffe verlangten leistungsfähigere Werkzeugmaschinen, verbesserte Werkzeugmaschinen erlaubten wiederum die Anwendung leistungsfähigerer Schneidstoffe.

In den vergangenen Jahren wurden auf dem Maschinensektor bedeutende Fortschritte erzielt. Es stehen heute Wälzstoßmaschinen zur Verfügung, die Hubzahlen bis zu 2500/min aufweisen. Auf Grund der hohen Steifigkeit erlauben sie auch den Einsatz von Hartmetall. Gleichzeitig ermöglichen diese Maschinen eine gezielte Schnittaufteilung, wobei die Mehrschnittbearbeitung und das Wälzstoßen mit Differential zu nennen sind [1,3].

Von der Werkzeugseite her stehen hochleistungsfähige Schnellarbeitsstähle und Hartmetalle zur Verfügung, die erhöhten Bearbeitungsbedingungen gerecht werden.

Die Zerspankinematik übt einen erheblichen, jedoch schwer erfaßbaren Einfluß auf die Schneidenbelastung aus. Daher kommt solchen Untersuchungen besondere Bedeutung zu, die die Zerspankinematik beim Wälzstoßen und deren Auswirkungen auf den Zerspanprozeß erfassen.

Ziel dieses Berichts ist daher zum einen die analytische Beschreibung der Zerspankinematik und zum anderen die Erfassung der wichtigsten geometrischen und kinematischen Einflußgrößen auf das Verschleißverhalten von HSS- und HM-Schneidrädern.

2. ANALYSE DER ZERSPANKINEMATIK BEIM WÄLZSTOSSEN

Zum besseren Verständnis der im folgenden verwendeten Begriffe sind in Bild 1 die Bezeichnungen an der Paarung Stoßrad - Werkrad erklärt. Der Wälzstoßvorgang läßt sich im wesentlichen in 4 Bewegungen unterteilen:

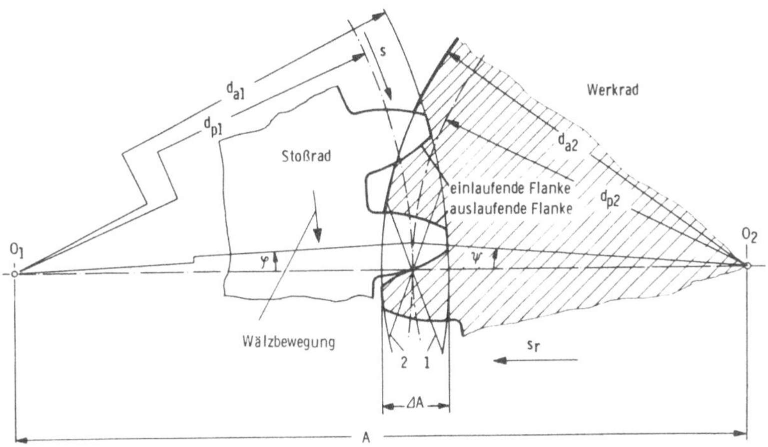

Bild 1: Bezeichnungen an der Paarung Stoßrad - Werkrad

a) Die Schnittbewegung

Sie wird vom Stoßrad ausgeführt und erfolgt mit der über dem Arbeitshub veränderlichen Schnittgeschwindigkeit v. Die Richtung ist durch den Schrägungswinkel der Verzahnung gegeben und wird durch eine Führungsbüchse mit der entsprechenden Steigung verwirklicht.

b) Die Wälzbewegung

Zur Ausbildung des Zahnprofils wälzen Schneidrad und Werkrad miteinander ab, wobei als Wälzvorschub s der je Doppelhub (=Arbeits- + Rückhub) am Teilkreis zurückgelegte Weg bezeichnet wird. Er ist vergleichbar mit dem durch die Axialteilung am Wälzfräser bedingten Vorschub von Fräserzahn zu Fräserzahn. Im Gegensatz zum Wälzfräsen läßt sich der Wälzvorschub hier jedoch durch einen eigenen Getriebezug beliebig verändern. Dem Wälzvorschub s des Schneidrads überlagert sich bei Schrägverzahnungen eine zusätzliche, über dem Hub periodische Drehbewegung. Zwischen Schneidrad - Wälzwinkel φ und Werkrad - Wälzwinkel ψ besteht folgender Zusammenhang:

$$\varphi = \psi \cdot \frac{z_1}{z_2} + \varphi_\beta + \varphi_d$$

Hierbei bedeuten: z_1, z_2 Zähnezahlen von Schneidrad und Werkrad (bei Innenverzahnungen ist z_2 negativ),

φ_β zusätzliche Verdrehung des Stoßrades zur Erzielung des Schrägungswinkels β,

φ_d zusätzliche Verdrehung des Schneidrads zur Schnittaufteilung (z.B. durch Differential).

Die zusätzliche Verdrehung φ_d kann theoretisch beliebig eingeleitet werden und zwar

einmalig zusammen mit dem Radialvorschub zum seitlichen Versatz der vorgeformten Lücke gegenüber der fertigen Zahnlücke (Schnittaufteilung),

kontinuierlich zur Herstellung von Primzahlrädern,

periodisch je Doppelhub zur Herstellung von konischen und balligen Zähnen.

c) Der Radialvorschub s_r

Zu Beginn des Stoßvorgangs stehen Werkrad und Schneidrad außer Eingriff. Über den Radialvorschub s_r werden Stoßrad und Werkrad um die Tauchtiefe ΔA auf den erforderlichen Achsabstand A gebracht. ΔA läßt sich einmalig oder in mehreren Schritten (Rundgängen) zustellen, dementsprechend gilt die Bezeichnung Ein- oder Mehrschnittverfahren. Es ist auch ein kontinuierlicher Radialvorschub über den gesamten Verzahnvorgang und anschließendes Schlichten möglich (spiralige Zustellung).

d) Der Rückhub

Da der Wälzvorschub unabhängig von der Hublage des Schneidrads kontinuierlich erfolgt, ist es erforderlich, während des Rückhubs das Schneidrad außer Eingriff zu bringen. Bei den neueren Maschinen geschieht dies durch geringfügiges Zurückschwenken der Stoßspindel.

In Bild 2 sind die wichtigsten Einflußgrößen auf die Spanungsgeometrie und den Verschleiß beim Wälzstoßen aufgeführt.
Die auftretenden Belastungen der Schneidradzähne werden zum einen durch die Spanungsquerschnitte, zum andern durch technologische Faktoren bestimmt. Die Spanungsquerschnitte ergeben sich aus den Verzahnungsdaten wie Modul, Zähnezahlen usw. sowie aus den verwirklichten Vorschüben s, s_r und s_d. Bei Schrägverzahnungen ändert sich der Spanungsquerschnitt in Zahnlängsrichtung in Abhängigkeit von Radbrei-

te und Schrägungswinkel.

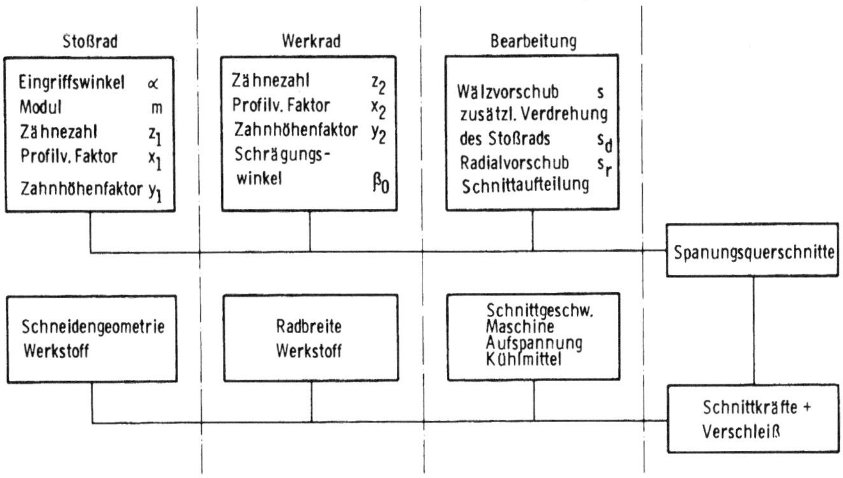

Bild 2: Einflußgrößen beim Wälzstoßen

Die Radbreite beeinflußt direkt die Schnittlänge und damit - zusammen mit dem Werkradmaterial und der Schnittgeschwindigkeit - den Verschleiß. Die Schneidengeometrie, d.h. Freiwinkel, Spanwinkel und Kantenabrundung sowie der Werkstoff des Schneidrads, wirken sich ebenfalls auf Schnittkräfte und Verschleiß aus. Weitere Einflußgrößen sind die Steifigkeit der Maschine und der Aufspannung sowie das verwendete Kühlschmiermittel.

Die Spanungsquerschnitte beeinflussen in starkem Maße die Schneidenbelastung und damit den Verschleiß. Die Auswirkung der geometrischen Parameter auf die Spanungsquerschnitte konnte bisher nicht exakt erfaßt werden, so daß eine Optimierung der Einsatzbedingungen nur in Einzelfällen durch Verschleiß- und Standzeitversuche möglich war. In vielen Verzahnungsfällen werden die erreichbaren Bearbeitungsbedingungen durch die Kollisionsgefahr des Schneidrads beim Rückhub eingeschränkt. Dies gilt vor allem für Innenverzahnungen, wo mangels genauer Berechnungsmöglichkeit aus Sicherheitsgründen nur geringe Wälzvorschübe verwirklicht werden.

Im folgenden wird zunächst über die Ermittlung der Spanungsquerschnitte berichtet. Daran schließt sich ein Abschnitt an, der sich mit der Kollisionsgefahr beim Rückhub des Schneidrads beschäftigt. Im Anschluß daran wird dann, aufbauend auf diesen theoretischen Erkenntnissen, in praktischen Untersuchungen an Außen- und Innenverzahnungen dem Einfluß der wichtigsten, oben genannten Parameter auf den Verschleiß nachgegangen.

2.1 Bestimmung der Spanungsquerschnitte beim Wälzstoßen

Die exakte Bestimmung der Spanungsquerschnitte beim Wälzstoßen war bisher wegen der gekrümmten Schneidkante des Werkzeugs und wegen des komplizierten Eindringvorgangs der Schneide in das Werkrad mit großen Schwierigkeiten verbunden. Es sind Näherungswerte bekannt, die jedoch zum Teil nur die mittleren und maximalen Spanungsdicken berücksichtigen, während der genaue Verlauf der Spanungsquerschnitte sowie die auftretenden kleinsten Spanungsdicken weitgehend unbekannt sind [1, 2, 7].

Es wurde daher ein Digitalrechner-Programm entwickelt, das die genaue Ermittlung der beim Wälzstoßen auftretenden Spanungsquerschnitte erlaubt [6, 7].
Sämtliche Bewegungen von Schneidrad und Werkrad werden durch Rotationen und Verschiebungen geeigneter Koordinatensysteme beschrieben. Bild 3 zeigt die verwendeten Koordinatensysteme.

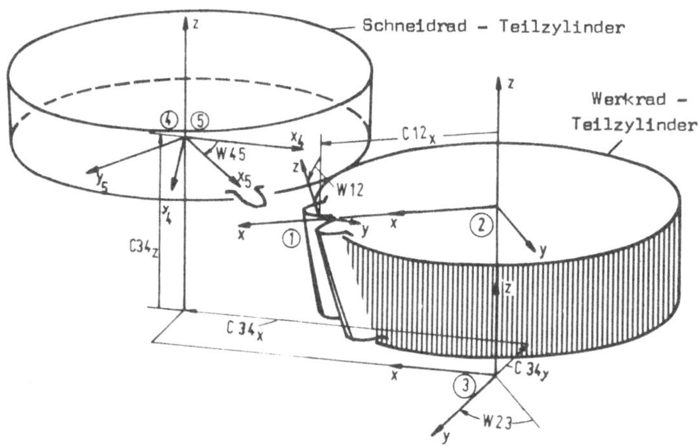

Bild 3 : Verwendete Koordinatensysteme zur Bestimmung der Spanungsquerschnitte

In System ① wird die hergestellte Zahnlückenkontur in einer oder in mehreren Schnittebenen erfaßt. System ② kennzeichnet die Lage der Zahnlücke auf dem Werkrad. Durch die Verdrehung von System ② gegenüber System ③ wird die Werkraddrehung simuliert. Die Verschiebung von System ③ gegenüber System ④ kennzeichnet den Achsabstand sowie den seitlichen Tischversatz. Eine Veränderung des Abstandes $C34_x$ pro Doppelhub entspricht der Radialvorschubbewegung.

Das Werkzeug wird durch einen Schneidzahn in System ⑤ beschrieben, das sich gegenüber dem raumfesten System ④ um den Wälzwinkel φ = W 45 dreht. Die Schnittbewegung wird durch die periodische Veränderung des Abstandes $C34_z$ verwirklicht. Bei Schrägverzahnungen über-

lagert sich eine zusätzliche Drehbewegung des Schneidrads.
Mit diesem Berechnungsverfahren werden sämtliche Verzahnungs- und Bearbeitungsbedingungen, wie sie im oberen Teil von Bild 2 aufgeführt sind, berücksichtigt. Die Bestimmung der Spanungsquerschnitte geschieht wie folgt:

Ein Zahn des Schneidrads, der ein beliebig korrigiertes Profil aufweisen kann, beschreibt einen Arbeitshub. Dabei durchdringt er eine oder mehrere Schnittebenen, in denen die Spanungsquerschnitte bestimmt werden sollen. Die Durchdringung in einer Schnittebene liefert die wirksame Schneidenkontur in dieser Schnittebene. Sie wird anschließend mit der momentanen Zahnlückenkontur zum Schnitt gebracht. Daraus resultieren zum einen die in dieser Schnittebene und bei diesem Arbeitshub auftretenden Spanungsquerschnitte, zum andern ergibt sich die neue momentane Zahnlückenkontur, wie sie für den nächsten Arbeitshub vorliegt.

Der Zahn des Schneidrads wird entlang der Schneidkante in n Abschnitte aufgeteilt und durch einen Polygonzug ersetzt. Die erforderliche Zahl von Abschnitten hängt von den Krümmungsverhältnissen an der Schneide und der geforderten Genauigkeit ab.

Der Spanungsquerschnitt einer Schnittebene und eines Arbeitshubs wird entsprechend den Schneidenabschnitten in Segmente aufgeteilt, deren Höhe die tatsächlichen Spanungsdicken bilden. Die anschließende Abwicklung der Schneidkante samt Spanungsquerschnitten liefert ein anschauliches und quantitativ auswertbares Bild.

In Bild 4 sind verschiedene Arbeitshübe (=Wälzstellungen) mit den dazugehörigen Spanungsquerschnitten dargestellt. Es handelt sich dabei um einen praxisüblichen Verzahnungsfall mit folgenden Daten: Einschnittbearbeitung; $m = 1$ mm; $B = 0^{o}$; $z_1 = 100$; $z_2 = 40$; Wälzvorschub $s = 0{,}35$ mm/DH, d.h. 900 Doppelhübe je Schneidradumdrehung.

Der gesamte Schnittvorgang teilt sich dabei in 30 Doppelhübe je Zahnlücke auf, von denen 10 im Bild dargestellt sind. Zur besseren Verdeutlichung sind die Spanungsdicken in der Abwicklung zehnfach vergrößert dargestellt. Die maximalen Spanungsdicken treten - wie bekannt [7] - am Zahnkopf auf, während sich am Übergang zur auslaufenden Flanke sehr dünne Späne bilden. Insgesamt fällt auf, daß im Laufe der Ausbildung einer Zahnlücke sehr unterschiedliche Spanungsquerschnitte an dem gleichen Schneidradzahn auftreten.

Bild 5 gibt den Verlauf sämtlicher Spanungsquerschnitte bei der Herstellung einer Zahnlücke wieder. Dabei sind Spanungsquerschnitte maßstabsgetreu über der Schneidkantenabwicklung aufgetragen. Mit Hilfe der eingezeichneten Spanbegrenzungslinie lassen sich die Länge des im Eingriff befindlichen Teils der Schneidkante sowie die Spanform bestimmen: von Wälzstellung 3 bis 17 entstehen U-förmige Späne, die sich über einlaufende Flanke, Kopf und auslaufende Flanke erstrecken. Von Wälzstellung 18 bis 26 teilt sich der Span in einen L-förmigen an einlaufender Flanke und Kopf und einen kommaförmigen an der auslaufenden Flanke.

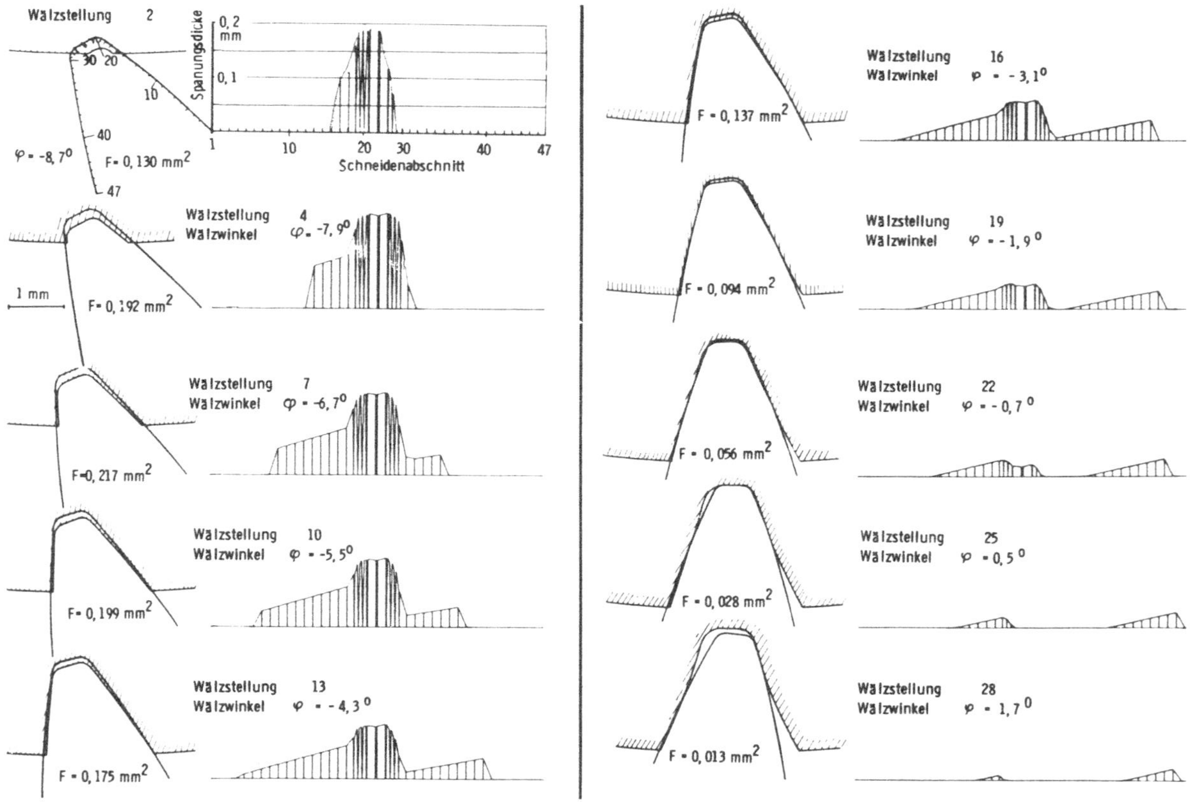

Bild 4: Spanungsquerschnitte mit Abwicklung beim Wälzstoßen

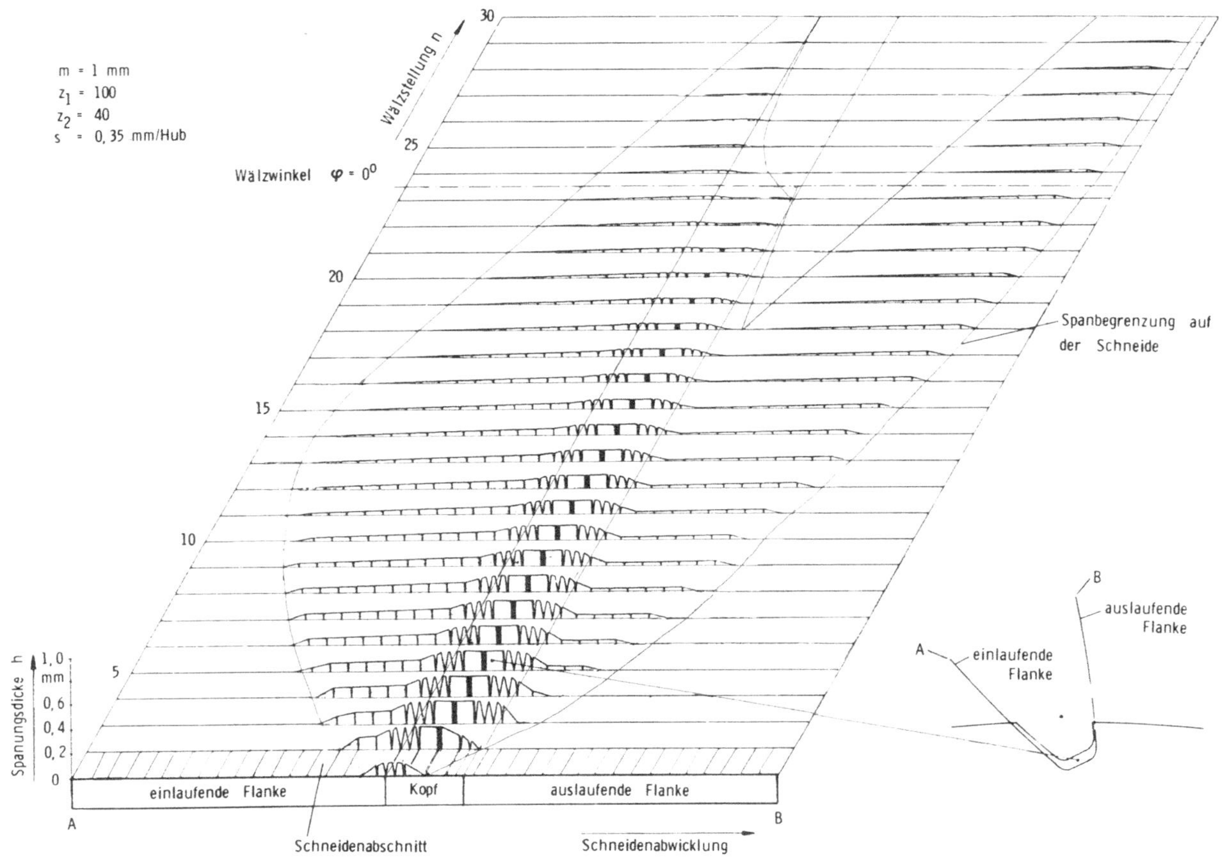

Bild 5: Spanungsquerschnitte bei der Ausbildung einer ganzen Zahnlücke

Bei einem Schneidradwälzwinkel $\varphi = 0^{o}$ steht der Schneidzahn genau auf der Verbindungslinie von Werkrad- und Schneidradachse. Die Zerspanung am Schneidzahnkopf wird beendet. Dies ist deutlich bei der Betrachtung der Wälzstellungen 23 und 24 zu erkennen. In den Arbeitshüben 27 bis 30 schneidet schließlich noch die einlaufende Flanke im Fußgebiet der Verzahnung, während gleichzeitig die auslaufende Flanke mit kleinen Spanungsdicken die auslaufende Werkradflanke profiliert.

Am Übergang vom Zahnkopf zur auslaufenden Flanke treten während mehrerer Arbeitshübe minimale Spanungsdicken auf, die im Laufe der Wälzung allmählich auf Null absinken. Zwar enden alle Spanungsdicken an der ein- und auslaufenden Flanke mit der Spanungsdicke Null, diese Stelle liegt jedoch jeweils auf einem anderen Bereich der Schneidkante. Zudem treten in unmittelbarer Nachbarschaft zur auslaufenden Flanke, am Zahnkopf, relativ große Spanungsdicken auf. Diesem Sachverhalt wird in Abschnitt 4 noch besondere Beachtung geschenkt.

Je nach Betrag und Richtung der Zahnschräge sowie der Radbreite wird sich das Schneidrad in der unteren Werkstück-Stirnfläche in einer anderen Wälzstellung befinden als in der oberen. Mit der Kenntnis dieser Winkeldifferenz lassen sich bei Schrägverzahnungen die Spanungsquerschnitte in verschiedenen Stirnschnittebenen über die gesamte Radbreite wie folgt ermitteln:

Die Spanungsquerschnitte werden in der oberen Stirnschnittebene des Werkrads berechnet. Ein anderer Stirnschnitt, der durch den Verdrehwinkel φ_β gegenüber dem Ausgangsschnitt gekennzeichnet ist, weist dieselben Spanungsquerschnitte auf wie der Ausgangsstirnschnitt in der Wälzstellung $\varphi + \varphi_\beta$.

Aus dieser Beziehung lassen sich die Spanungsquerschnitte bei der Herstellung von Schrägverzahnungen aus der Berechnung in e i n e r Stirnschnittebene gewinnen. Das Rechnerprogramm wurde so ausgelegt, daß darüber hinaus auch in mehreren Stirn- oder Normalschnittebenen gerechnet werden kann. Die verbesserte Aussage ist jedoch mit erhöhter Rechenzeit verbunden.

Um eine quantitative Auswertung der Spanungsdicken zu erleichtern bzw. in den Fällen die Berechnung der Spanungsquerschnitte zu ermöglichen, in denen keine graphische Datenausgabe zur Verfügung steht, wurde eine Ausgabeform über einen Schnelldrucker entwickelt. Bild 6 zeigt einen derartigen Output, wobei die Spanungsdicken in Form von Druckersymbolen über der abgewickelten Schneidkante aufgetragen werden.

Die genaue Zuordnung der Spanungsdicken und Druckersymbole geht aus der Skala am unteren Bildrand hervor. Die Spanungsquerschnitte der einzelnen Arbeitshübe sind von oben beginnend nach unten aufgetragen, wobei jeder Arbeitshub berechnet, aber nur jeder zweite ausgegeben wurde. Auf die genaue Auswertung wird in den Abschnitten 3.2 und 3.3 näher eingegangen; hier soll zunächst nur das Rechnerprogramm vorgestellt werden.

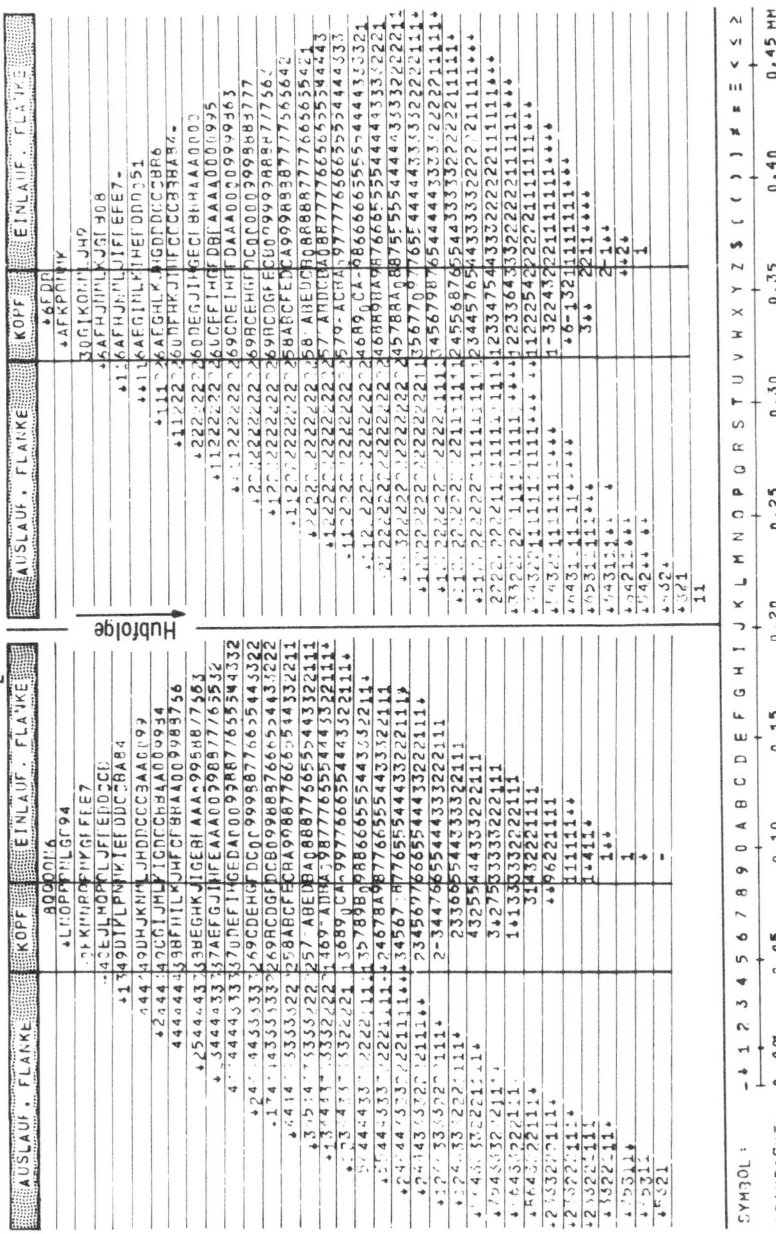

Bild 6: Spanungsquerschnitte beim Wälzstoßen (Druckeroutput)

Um die Belastung einzelner Stellen der Schneidkante während der Herstellung einer Zahnlücke an Hand des genannten Beispiels zu zeigen, wurde in Bild 7 der Verlauf der Spanungsdicke über dem gesamten Wälzvorgang an einzelnen Schneidenpunkten wiedergegeben. Man erkennt die große Spanungsdicke am Zahnkopf sowie am Übergang zur einlaufenden Flanke. Außerdem gehen die geringen Spanungsdicken am Übergang zur auslaufenden Flanke deutlich hervor.

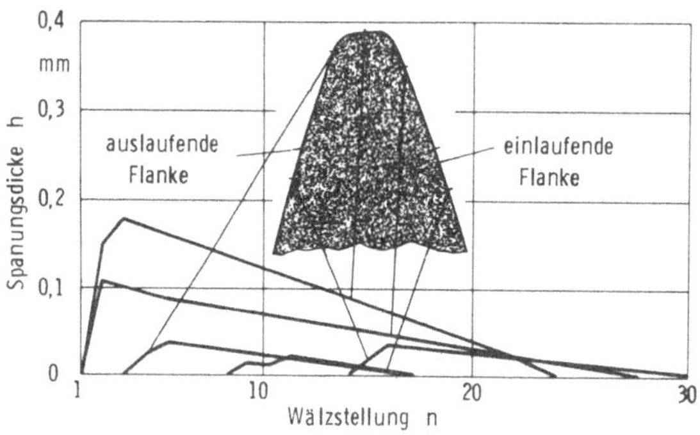

Bild 7:

Verlauf der Spanungsdicke

Beginn und Ende der Zerspanung an den einzelnen Schneidenpunkten sind deutlich erkennbar. Die Darstellung gibt Aufschluß über die gesamte Belastung eines beliebigen Schneidenpunkts während des Verzahnens. Sie ermöglicht es, zusammen mit einer Verschleißmessung an dem betreffenden Schneidenpunkt einen Zusammenhang zwischen den geometrischen Parametern und dem Verschleißverhalten herzustellen.

In Bild 8 ist eine Auswertung der aktiven Schneidenlängen und der Spanungsquerschnitte dargestellt. Während der Spanungsquerschnitt zu Beginn der Wälzung rasch ansteigt, ist der Verlauf der aktiven Schneidenlänge im gleichen Bereich wesentlich flacher. Im gezeigten Beispiel treten die maximalen Spanungsquerschnitte von 0,2 mm^2 im Bereich von 2 ... 4 mm Schneidenlänge auf (Bereich A-B). Danach verteilen sich Spanungsquerschnitte von 0,14 ... 0,01 mm^2 auf 4,3 ... 1,5 mm Schneidenlänge (Bereich C-D).

Ein Maß für die Schneidenbelastung ist die mittlere Spanungsdicke, errechnet aus Spanungsquerschnitt und aktiver Schneidenlänge je Wälzstellung, wie sie Bild 9 zeigt. Das Bild spiegelt noch deutlicher als Bild 8 die ungleichmäßige Nutzung der Werkzeugschneide wieder. Während zu Beginn der Wälzung mittlere Spanungsdicken von 0,11 mm auftreten, beträgt im zweiten Teil des Wälzvorgangs, von Stellung 15 an, die mittlere Spanungsdicke weniger als 0,03 mm. Berücksichtigt man, daß die tatsächlichen Spanungsdicken zum Teil erheblich kleiner sind, und die Tatsache, daß es sich hier um ein praxisübliches Beispiel handelt, so wird deutlich, daß einer geeigneten Schnittaufteilung große Bedeutung zukommt.

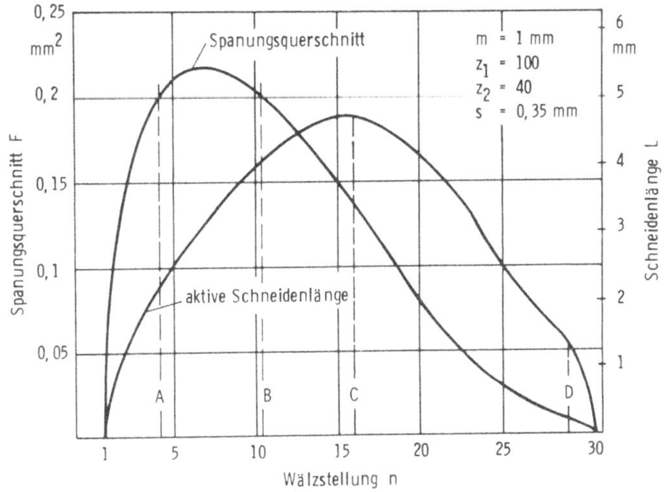

Bild 8: Zusammenhang zwischen Spanungsquerschnitt und aktiver Schneidenlänge

Eine Schnittaufteilung läßt sich durch Veränderung der Schneidzahnform, des Wälzvorschubs, der Tauchtiefe sowie durch eine Zusatzdrehung des Schneidrads gegenüber dem Werkrad erzielen. Das vorliegende Berechnungsverfahren ermöglicht die Ermittlung der auftretenden Spanungsquerschnitte hinsichtlich Größe und Verteilung über der Schneide und dem Wälzvorgang bei beliebigen geometrischen Parametern. Mit Kenntnis der auftretenden Schneidenbelastung infolge der Spanungsquerschnitte ist es möglich, in systematischen Untersuchungen den Einfluß der in Bild 2 aufgeführten Parameter zu erfassen.

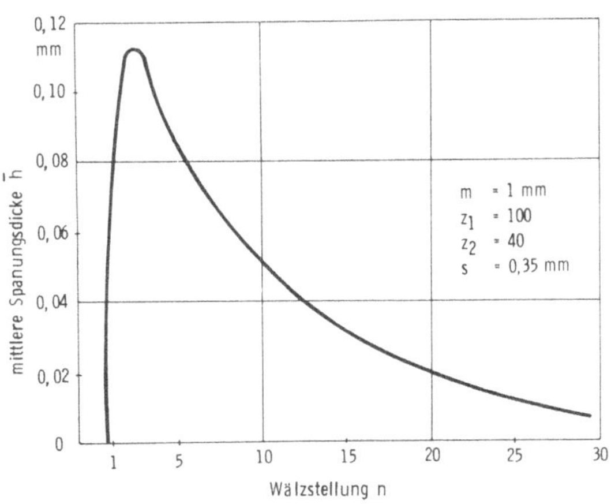

Bild 9: Verlauf der mittleren Spanungsdicke

Bei der praktischen Durchführung von entsprechenden Standzeituntersuchungen, über die in Abschnitt 3.2 und 3.3 dieser Arbeit berichtet wird, hat es sich jedoch häufig gezeigt, daß zwar vom Verschleißverhalten des Schneidrads her große Leistungssteigerungen möglich sind, daß die Verwirklichung jedoch auf Grund von Kollisionen zwischen Schneidrad und Werkrad beim Rückhub scheitert. Im folgenden Abschnitt wird daher auf eine Kollisionsberechnung eingegangen, die im engen Zusammenhang mit dem oben beschriebenen Berechnungsverfahren für die Spanungsquerschnitte steht. Sie ist eine Voraussetzung für eine gezielte Leistungssteigerung beim Wälzstoßen.

2.2 Kollisionsberechnung für den Rückhub

Eine große Schwierigkeit beim Wälzstoßen, besonders bei hohen Wälzvorschüben entsteht beim Rückhub des Schneidrades. Es besteht die Gefahr, daß das Schneidrad beim Rückhub mit ungeschnittenem Werkstücksmaterial kollidiert.
Anhand von Bild 10 soll die Ursache der Kollisionserscheinung erläutert werden.

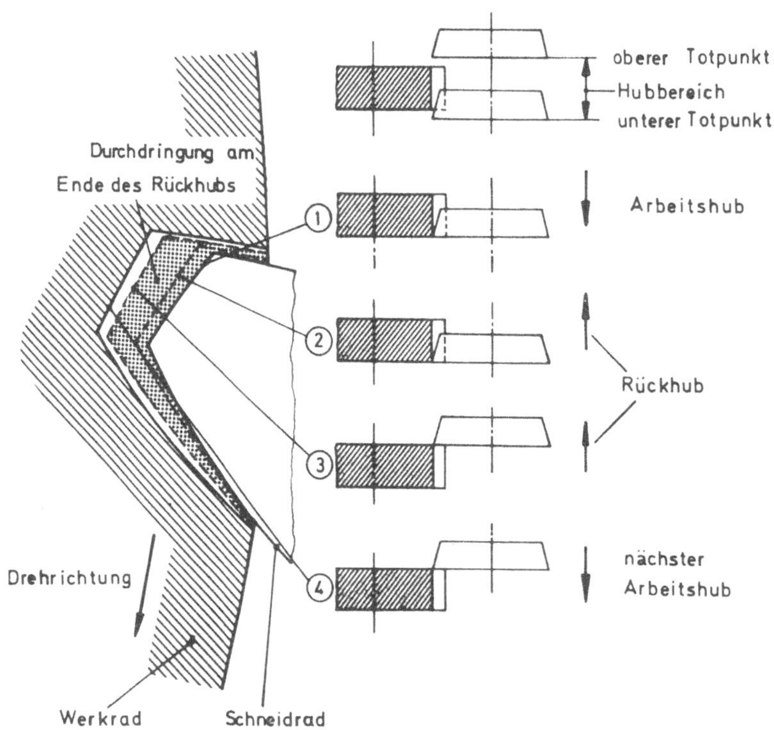

Bild 10: Ursache der Kollisionsentstehung beim Wälzstoßen

Wenn das Schneidrad gegenüber dem Werkstück beim Rückhub nicht versetzt würde, käme es aufgrund des kontinuierlichen Wälzvorschubs zu einer Durchdringung des Schneidzahnes mit dem Werkstück.
Die größte Durchdringung ergibt sich in der oberen Stirnschnittebene des Werkstücks, wie aus dem Bild hervorgeht. Dort besteht demnach die größte Kollisionsgefahr. In der Praxis sind die Abhebebeträge über dem Hubweg unterschiedlich. Die Verteilung des Abhebebetrags über dem Hubweg wird stark von den auftretenden Beschleunigungskräften bestimmt. Eine typische Form dieser Verteilung ist links in Bild 11 dargestellt.

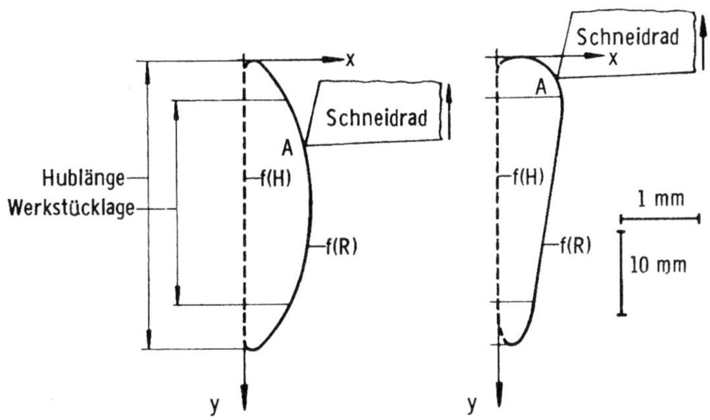

Bild 11: Verteilung des Abhebebetrags über dem Hubweg

Der Punkt A des Schneidrads beschreibt beim Arbeitshub die gestrichelte, gerade Linie f(H) und beim Rückhub die Kurve f(R). Die x-Koordinaten der Kurve f (R) stellen die Abhebebeträge beim Rückhub dar. Eine derartige Verteilung des Abhebebetrags ist hinsichtlich der Beschleunigungen der Stoßspindel günstig, für die Kollisionsvermeidung jedoch ungünstig. Der maximale Abhebebetrag liegt in der Mitte des Hubbereichs, obwohl die größte Kollisionsgefahr in der oberen Stirnschnittebene auftritt.

Um in dieser Stirnschnittebene eine höhere Sicherheit gegen Kollision zu erreichen, bietet sich die generelle Vergrößerung des Abhebebetrags durch einen anderen Nocken an oder eine Verteilung über dem Hubweg, wie sie im rechten Bildteil dargestellt ist. Falls die Beschleunigungskräfte dies zulassen, z.B. bei der Bearbeitung mit HSS, wo im allgemeinen eine geringe Hubzahl vorliegt, sollte eine derartige Verteilung des Abhebebetrags angestrebt werden.

Die Haupteinflußgrößen, die die Kollision beim Rückhub bestimmen, sind außer dem Abhebebetrag:

a) Abheberichtung,
b) Wälzvorschub,

c) Achsabstand bzw. Tauchtiefe,
c) Schneidrad- und Werkraddaten.

Dabei überlagern sich die einzelnen Parameter in unterschiedlicher Weise, je nach dem vorliegenden Verzahnungsfall. Die Kollision tritt nicht während aller Arbeitshübe auf, sondern zumeist irgendwann während der Ausbildung einer Zahnlücke. Daher ist es auch schwierig, sie durch praktische Versuche zu erfassen und zu eliminieren. Zudem steigt bei auftretender Kollision der Freiflächenverschleiß am Schneidrad stark an, so daß praktische Versuche sehr kostspielig sind.

Die Wälzstoßmaschinenhersteller haben im Laufe der Zeit Erfahrungstabellen für die erforderliche Abhebebewegung beim Rückhub erstellt. Es hat sich gezeigt, daß diese Erfahrungswerte nicht in allen Fällen ausreichen, um ein leistungsfähiges Wälzstoßen zu ermöglichen, da sie für einzelne Verzahnungsfälle keine genügend genauen Angaben liefern. Daher wird häufig mit hohen Sicherheitsabschlägen im Wälzvorschub gearbeitet.

Bild 12 zeigt die grundsätzliche Problematik am Beispiel einer Außenverzahnung, die mit 3 verschiedenen Achsversätzen von Werkrad und Schneidrad hergestellt wird. Die Abheberichtung ist durch die Maschine bestimmt und liegt fest, während der Hubbereich , indem eine Zahnlücke hergestellt wird, von der Lage der Achsen von Werkrad und Schneidrad abhängt. Dadurch ergibt sich eine, auf die momentane Zahnlücke bezogen, relative Abheberichtung, die bei unterschiedlichem Achsversatz verschieden ist. In den Fällen 1 und 3 ergibt sich eine Kollision beim Rückhub, während im Fall 2 keine Kollision auftritt. Der Bereich, in dem der Achsversatz für kollisionsfreien Rückhub variiert werden kann, beträgt oft nur einige Zehntel Millimeter und ist zudem noch abhängig vom Wälzvorschub.

In dem Rechnerprogramm zur Bestimmung der Spanungsquerschnitte wurde der Wälzstoßprozeß durch entsprechende Drehungen und Verschiebungen geeigneter Koordinatensysteme simuliert. Es lag nahe, dieses Berechnungsprinzip auch für die Kollisionsberechnung heranzuziehen, da auf diese Weise ohne großen Mehraufwand die gleichen Fälle berechenbar sind, für die auch die Spanungsquerschnitte berechnet werden.

Mit Hilfe des im folgenden beschriebenen Verfahrens kann gleichzeitig mit der Spanquerschnittsberechnung oder getrennt davon eine Kollisionsprüfung für beliebige Parameter durchgeführt werden.

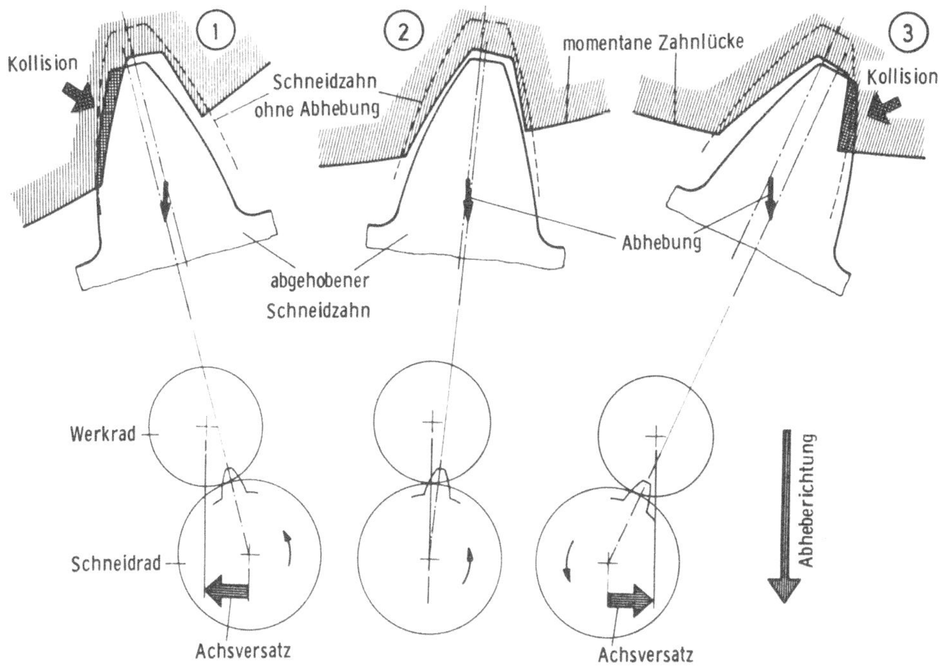

Bild 12: Kollision bei unterschiedlichem Achsversatz

Berechnungsprinzip zur Kollisionsbestimmung

Analog zur Berechnung der Spanungsquerschnitte wird die bei jedem Arbeitshub resultierende momentane Zahnlücke bestimmt. Anschließend wird das Schneidrad um einen vorgegebenen Abhebebetrag in einer durch den Achsversatz vorgegebenen Abheberichtung zurückgezogen. Beim Rückhub wird bestimmt, ob die Bahn der Schneidkante mit der im vorangegangenen Arbeitshub erstellten momentanen Zahnlücke kollidiert. Diese Prüfung erfolgt wie die Bestimmung der Spanungsquerschnitte in einer oder mehreren Stirn- oder Normalschnittebenen. Falls eine Kollision in einer Ebene auftritt, wird sie durch die Durchdringung der wirksamen Schneidenkontur mit der momentanen Zahnlückenkontur beschrieben und ähnlich wie die Spanungsdicken berechnet.

Dieses Verfahren liefert eine genaue Aussage, ob und gegebenenfalls in welchem Maße Kollision in den einzelnen Hüben auftritt. Zudem wird die Stelle der Schneidkante angegeben, an der die Kollision auftritt, da die Kollisionsbeträge über der abgewickelten Schneidkante aufgetragen werden.

Wird beim Rückhub nicht die tatsächliche Schneidenkontur verwendet, sondern eine um den Betrag d vergrößerte Äquidistante, so ist es möglich, die Kollisionsgefahr von Schneidenbereichen quantitativ anzugeben, die nur einen geringen freien Abstand von der Werkradlücke besitzen. Der Bereich der Durchdringung wird damit größer.

Es ist nun zu überprüfen, ob es sich um eine echte Kollision handelt. Ist der Kollisionsbetrag an einer Stelle größer als der Äquidistantenabstand d, so stellt die Differenz die tatsächliche Kollision dar. Ist der Kollisionsbetrag kleiner als d, so gibt die Differenz die Reserve wieder, d.h. den freien Abstand zwischen Schneidkante und Zahnkontur. Mit der freien Wahl des Äquidistantenabstands d kann eine beliebig genaue Auswertung vorgenommen werden. Diejenigen Bereiche der Schneidkante, die keinen Kollisionsbetrag aufweisen (Symbol "-" im Druckeroutput), besitzen einen freien Abstand, der größer als d ist.

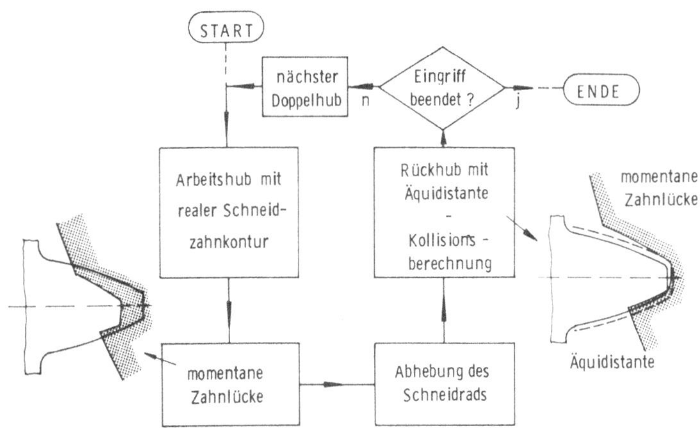

Bild 13: Berechnungsschema zur Kollisionsbestimmung

In Bild 13 ist der Rechengang schematisch dargestellt. Während eines Arbeitshubs erfolgt mit der tatsächlichen Schneidkante die Ausbildung der momentanen Zahnlücke. Danach wird der Schneidzahn abgehoben und durch eine Äquidistante ersetzt. Beim Rückhub wird die Durchdringung der Äquidistantenbahn mit der momentanen Zahnlücke analog zur Bestimmung der Spanungsquerschnitte berechnet. Über der abgewickelten Schneidkante wird die Kollision gedruckt oder geplottet.

Ein derartiges Berechnungsbeispiel ist in Bild 14 dargestellt. Links im Bild sind die Spanungsquerschnitte, rechts die Ergebnisse der Kollisionsberechnung aufgetragen. Die eingefügte Legende gibt Aufschluß über die Zuordnung der Druckersymbole zu den Spanungsdicken bzw. Kollisionsbeträgen. Wie aus der Zuordnungstabelle für die Kollision hervorgeht, beginnt mit dem Symbol G die tatsächliche Kollision, während die davorstehenden Symbole die Kollisionsgefahr kennzeichnen.

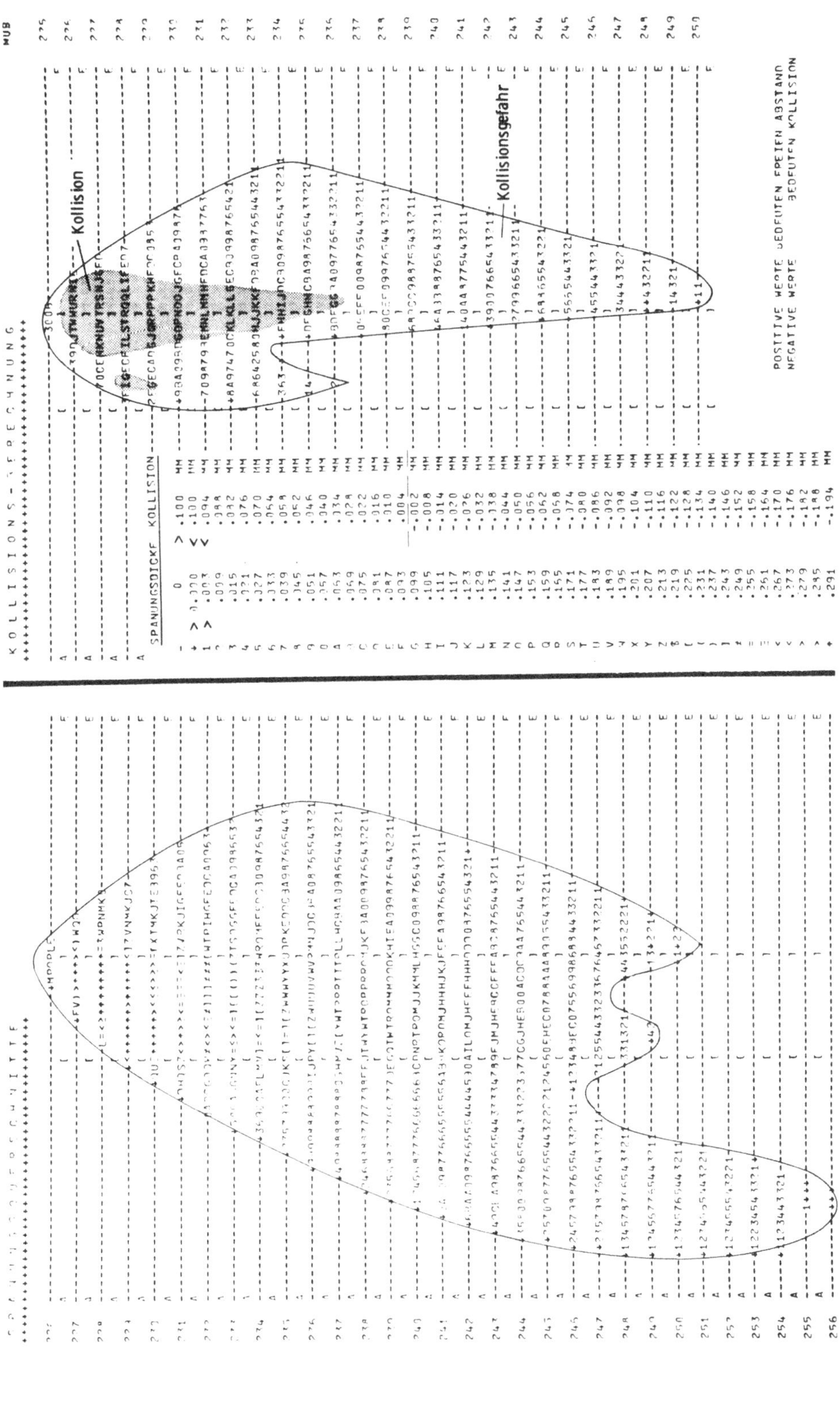

Bild 14: Berechnung von Spanungsquerschnitten und Kollision beim Wälzstoßen

Im gezeigten Beispiel bedeutet dies, daß im schraffierten Bereich tatsächlich Kollision auftritt, wie aus den entsprechenden Druckersymbolen hervorgeht. Innerhalb des eingerahmten Bereichs beträgt der Abstand zwischen Schneidkante und Werkstücklücke weniger als 0,1 mm. Um in diesem Beispiel die Kollision zu vermeiden, muß der größte Kollisionsbetrag (hier Symbol W = 0,098 ... 0,104 mm) herangezogen werden. Die zugehörige Stelle der Schneidkante liegt im Kopfgebiet; dies bedeutet, daß der Abhebebetrag um 0,104 mm vergrößert werden muß. Läge sie nur auf einer Flanke, so müßte die Abheberichtung verändert werden (also der Tisch- oder Ständerversatz). Da dies oft nur in Grenzen möglich ist, gibt der eingerahmte Bereich die vorhandenen Reserven an, die ausgenutzt werden können, ohne daß es zu Kollision kommt.

Bild 15 gibt einen kurzen Überblick über die möglichen Formen der Kollision und die erforderlichen Maßnahmen zu ihrer Vermeidung. Dabei ist von entscheidender Bedeutung, an welcher Stelle der Schneidkante die Kollision auftritt. Die notwendigen Korrekturbeträge für Wälzvorschub, Abhebebetrag und Achsversatz lassen sich mit Hilfe des beschriebenen Berechnungsverfahrens bestimmen.

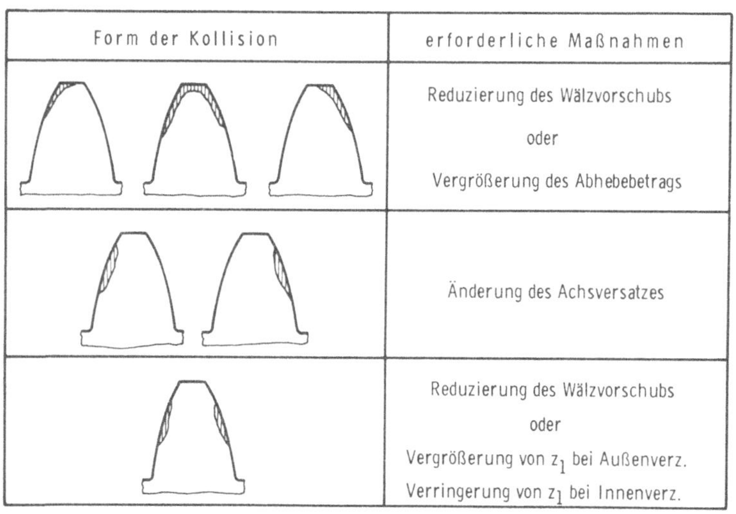

Bild 15: Formen der Kollision und ihre Vermeidung

Auf diese Weise wurden für einige Verzahnungsfälle Kollisionsberechnungen durchgeführt, deren Ergebnisse nachfolgend vorgestellt werden.

Bild 16 zeigt in einer Zusammenstellung über dem Wälzvorschub diejenigen Bereiche des seitlichen Achsversatzes AV, die entweder eine kollisionsfreie Bearbeitung ermöglichen oder zu unterschiedlichen Kollisionserscheinungen führen (bei sonst gleichen Daten von Werkzeug, Werkrad und Bearbeitung).

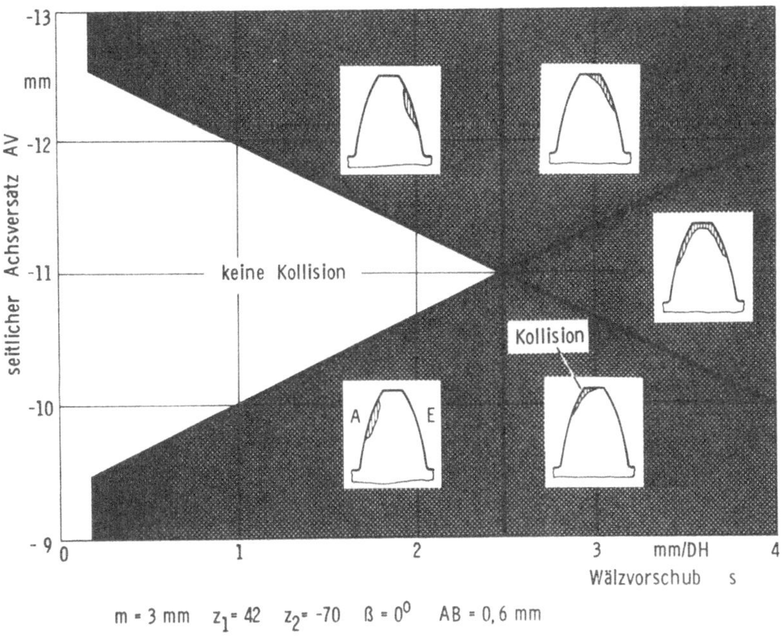

Bild 16: Kollisionsdiagramm einer Innenverzahnung

Dem Bild ist zu entnehmen, daß der Spielraum für den Achsversatz im Bereich ohne Kollision mit zunehmendem Wälzvorschub enger wird. Bei hohen Wälzvorschüben ist daher besonders auf einen geeigneten Achsversatz zu achten. Eine Vergrößerung des Wälzvorschubs über etwa 2,5 mm/DH ist in diesem Falle nur durch eine Vergrößerung des Abhebebetrags AB möglich.

In Bild 17 wurden die Kollisionsdiagramme für zwei weitere Verzahnungen eingetragen, um die möglichen Veränderungen zu verdeutlichen. Bei $z_2 = -63$ ist gegenüber $z_2 = -70$ eine Vergrößerung des Wälzvorschubes über etwa 1 mm/DH durch eine Kollision an beiden Flanken begrenzt. Demgegenüber ist bei $z_2 = -70$ und $z_2 = -80$ eine Erhöhung des Wälzvorschubs über etwa 2,5 mm/DH wegen Kollision am Kopf nicht möglich. Dies folgt unmittelbar aus der Vergrößerung des Übersetzungsverhältnisses. Vergleichende Berechnungen an Außenverzahnungen ergaben, daß hier die Bereiche ohne Kollision relativ groß und die Begrenzung im wesentlichen durch Kollision am Schneidzahnkopf erfolgt.

Mit der Berechnung der Spanungsquerschnitte und der Kollision beim Rückhub konnten nun in systematischen Untersuchungen mögliche Leistungssteigerungen beim Wälzstoßen durchgeführt werden. In den folgenden Ausführungen werden die Ergebnisse einiger praktischer Versuche vorgestellt, die unter Berücksichtigung der Spanungsquerschnitte durch-

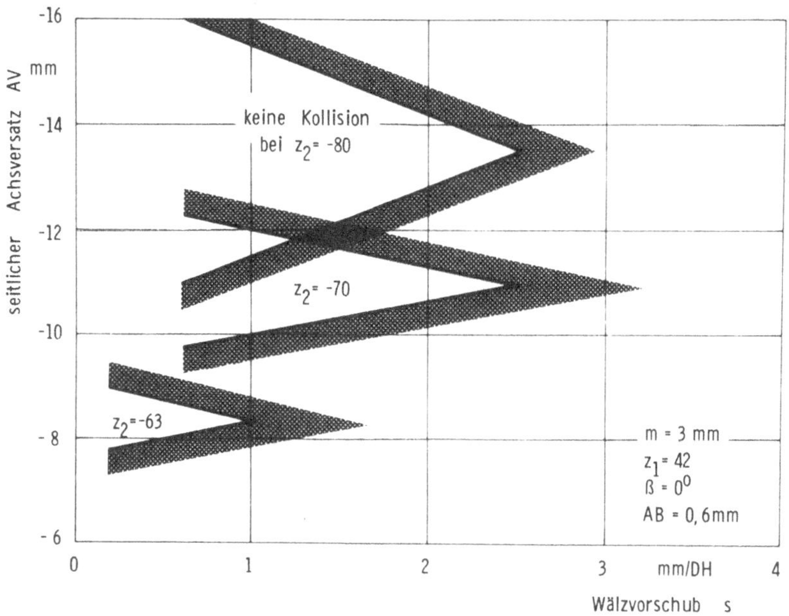

Bild 17: Kollisionsdiagramme bei verschiedenen Zähnezahlen

geführt wurden. Dabei wurde zunächst der Einfluß der Spanungsgeometrie auf das Standzeitverhalten beim Wälzstoßen von Außenverzahnungen untersucht. Die anschließenden Versuche befaßten sich mit Innenverzahnungen; es kann gerade hier gezeigt werden, daß mit Kenntnis der Spanungsquerschnitte und der systematischen Vermeidung von Kollision beachtliche Standzeitgewinne erzielbar sind.

3. VERSCHLEISSUNTERSUCHUNGEN

Wegen der Vielzahl der Einflußparameter, die sich auf die Spanungsgeometrie auswirken, (vgl. Bild 2), konnten nur einige hinsichtlich ihres Einflusses auf das Standzeitverhalten untersucht werden. Es wurden folgende Parameter in verschiedenen Kombinationen variiert:

Wälzvorschub	s
Tauchtiefe	a
Zusatzdrehung	s_d

Die übrigen Parameter, insbesondere die technologischen (Werkzeugmaterial, Werkstückmaterial, Schneidengeometrie usw.) wurden konstant gehalten. Da eine Wechselbeziehung zwischen der Spanungsgeometrie und der Schnittgeschwindigkeit im Hinblick auf eine Leistungssteigerung besteht, wurde auch der Einfluß der Schnittgeschwindigkeit erfaßt.

Den Standzeituntersuchungen liegen, falls in den Diagrammen nicht anders angegeben, folgende Daten gemeinsam zugrunde:

Werkzeug:	Werkstück:	Bearbeitung:
S 6-5-2-5	16 Mn Cr 5 G	n = 600 DH/min
z_1 = 42	z_2 = 42 bzw. -68	v = 75 m/min
m = 3 mm	$\beta = 0^o$	Kühlung:
$\alpha = 20^o$	b = 25 mm	unleg. Schneidöl

Um den Versuchsaufwand für die praktischen Untersuchungen nicht zu hoch zu treiben, wurde ein 2-Lücken-Werkstück gewählt. Dadurch können mit einem Schneidradscharfschliff verschiedene Versuchsbedingungen zeit- und konstengünstig verwirklicht werden. Die Versuchsanordnung geht aus Bild 18 hervor.

Im oberen Bildteil ist neben der Prinzipzeichnung eine Vorrichtung für Außenverzahnungen dargestellt; das untere Foto zeigt die entsprechende Vorrichtung für Innenverzahnungen.

Bevor auf die einzelnen Untersuchungsergebnisse eingegangen wird, soll zunächst das prinzipielle Verschleißverhalten von HSS beim Wälzstoßen beschrieben werden, da sich daraus Hinweise für Leistungssteigerungen ergeben.

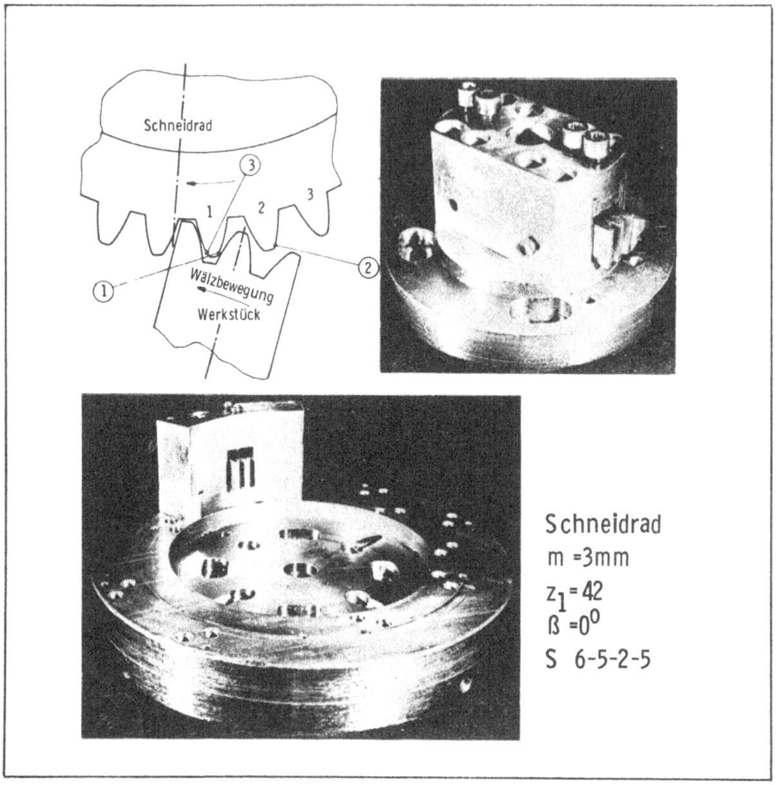

Bild 18: Versuchsvorrichtung mit 2-Lücken-Werkstück

3.1 Prinzipielles Verschleißverhalten

Obwohl die maximalen Spanungsdicken und damit die Hauptzerspanleistung im Bereich des Zahnkopfes und an der einlaufenden Flanke vorliegen, ist hier die Verschleißentwicklung gering. Dies geht aus Bild 19 hervor, in dem für eine Außenverzahnung der Freiflächenverschleiß an ein- und auslaufender Flanke sowie am Zahnkopf über der Anzahl der gestoßenen Lücken aufgetragen ist.

Der maximale Verschleiß entsteht, wie in anderen Verzahnungsfällen auch, an der auslaufenden Flanke am Übergang zum Zahnkopf. Dies ist die Stelle, an der die geringsten Spanungsquerschnitte auftreten. In dem gewählten Beispiel ist dieser Verschleiß gegen Ende der Standzeit rund dreimal höher als an Kopf und einlaufender Flanke.

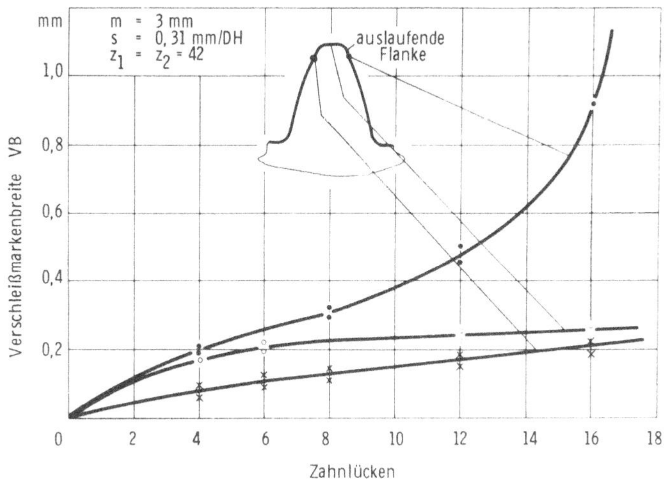

<u>Bild 19:</u> Verschleißverteilung an einem HSS - Schneidzahn

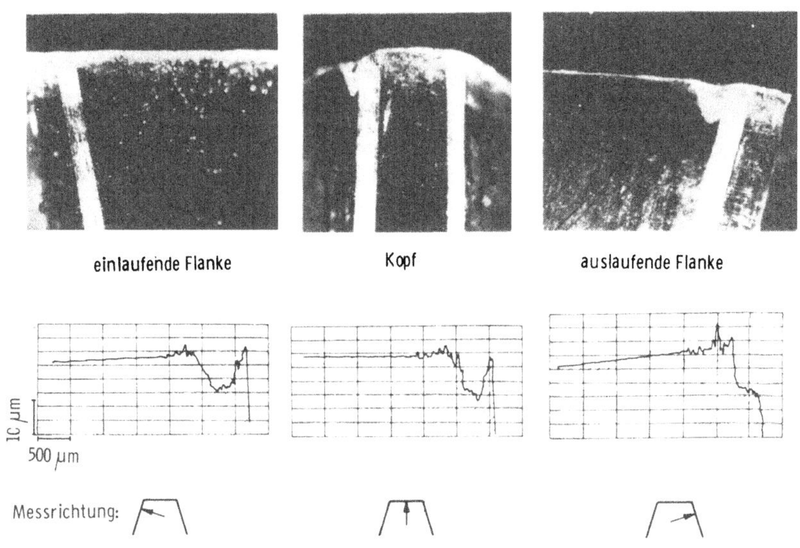

<u>Bild 20:</u> Verschleiß an einem HSS-Schneidradzahn

Bild 20 zeigt im oberen Teil den gleichen HSS-Schneidradzahn wie in Bild 18 mit der charakteristischen Verschleißverteilung. Im unteren Bildteil ist der zugehörige Kolkverschleiß dargestellt. An der auslaufenden Flanke sind deutlich der große Freiflächenverschleiß und der Kolklippenschwund erkennbar.

Auch bei Innenverzahnungen konnte diese Verschleißform wiederholt beobachtet werden, so daß sie als typisch für die hier beschriebenen Standzeitversuche angesehen werden kann. Bild 21 zeigt Form und Verteilung des Verschleißes beim Wälzstoßen einer Innenverzahnung unter den angegebenen Bedingungen.

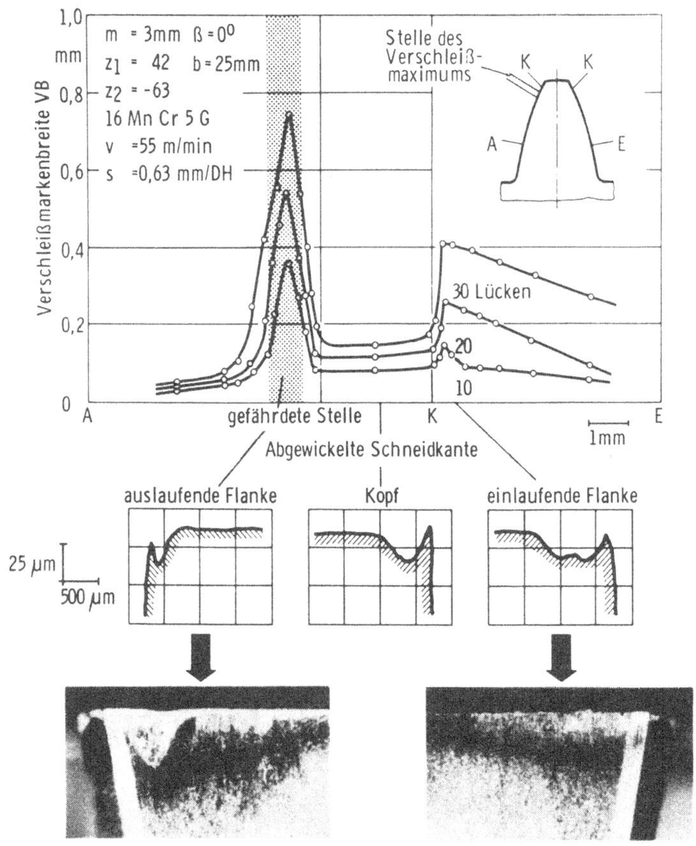

Bild 21: Verschleißform an einem HSS-Schneidradzahn S 6-5-2-5 (Innenverzahnung)

Im oberen Bildteil ist die Verschleißmarkenbreite entlang der abgewickelten Schneidkante dargestellt, und zwar zu drei verschiedenen Stadien innerhalb der Standzeit. Deutlich ist das Verschleißmaximum am Übergang vom Kopf zur auslaufenden Flanke zu erkennen. Demgegenüber ist der Verschleiß an der einlaufenden Flanke erheblich geringer, obwohl hier höhere Zerspanleistungen vorliegen. Der geringe Verschleiß am Zahnkopf ist im wesentlichen auf den günstigen Freiwinkel (ca. 5°) zurückzuführen.

Im unteren Teil des Bildes sind Kolkschriebe und Fotos des Schneidradzahns am Ende der Standzeit dargestellt. Die Kolktiefe ist an den drei gekennzeichneten Stellen im wesentlichen gleich. Jedoch weist die verschleißgefährdete Stelle (Übergang Kopf-auslaufende Flanke) den kleinsten Kolkmittenabstand auf, sowie einen Kolklippenschwund. Der Freiflächenverschleiß an der gefährdeten Stelle zum Zeitpunkt des Kolklippenschwunds ist somit standzeitbestimmend.

Bild 22 zeigt die entsprechende Stelle (auslaufende Flanke) eines Werkstücks, das aus versuchstechnischen Gründen aus 2 aufeinandergesetzten Teilen besteht. Deutlich sind die Materialverschiebungen zu sehen, die auf die geringen Spanungsdicken und die Schneidkantenabrundung am Ende der Standzeit zurückzuführen sind.

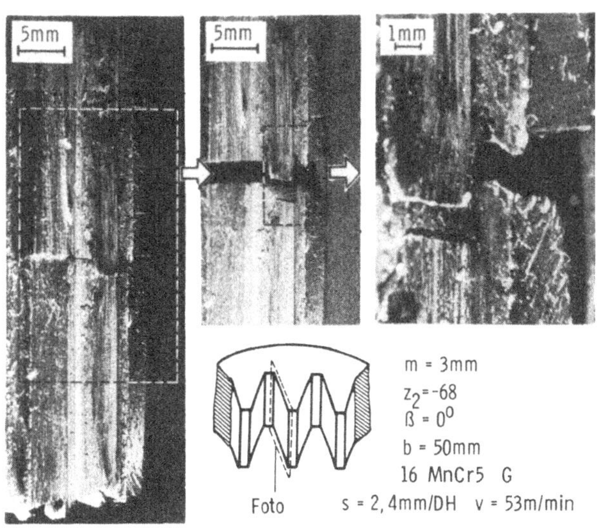

Bild 22: Auslaufende Werkradflanke am Ende der Standzeit

Als Ursache für das Verschleißmaximum kommen damit im wesentlichen 3 Faktoren in Frage:

a) die kleinen Spanungsdicken an der Stelle des Verschleißmaximums (vgl. Bild 6 und 14), die nicht immer zu einer günstigen Spanbildung führen,

b) die Behinderung im Ablauf der Kopf- und Flankenspäne, wobei durch die dicken Kopfspäne der Spanablauf an der Flanke erschwert wird, wie aus Spanuntersuchungen hervorgeht und

c) das Ablaufen der Späne von Kopf und einlaufender Flanke über die auslaufende hinweg (während der ersten Hübe, in denen die auslaufende Flanke noch nicht schneidet).

Die Feststellungen b) und c) konnten anhand von Spanuntersuchungen und Untersuchung der Spanablaufspuren auf der Spanfläche getroffen werden.

Um eine Verbesserung des Verschleißverhaltens zu erreichen, scheint es also erforderlich zu sein, einerseits die sehr kleinen Spanungsdicken an der auslaufenden Flanke zu vermeiden, um ein Quetschen und Reiben auszuschließen, andererseits günstige Spanablaufbedingungen zu erreichen. Diese Maßnahmen werden weitgehend durch die Anwendung geeigneter Wälzvorschübe, Schnittgeschwindigkeiten und Schnittaufteilung ermöglicht.

In den folgenden Abschnitten werden die Ergebnisse von Standzeituntersuchungen vorgestellt, bei denen diesen Punkten besondere Rechnung getragen wurde.

3.2 Standzeituntersuchungen beim HSS-Wälzstoßen von Außenverzahnungen

Die hier vorgestellten Untersuchungen konzentrieren sich im wesentlichen auf eine verbesserte Ausnutzung des Schneidstoffs durch die Wahl günstiger Spanungsquerschnitte und Bearbeitungsbedingungen. Um eine Verbesserung des Verschleißverhaltens zu erreichen, scheint es erforderlich zu sein, die sehr kleinen Spanungsdicken an der Stelle des Verschleißmaximums (auslaufende Flanke) zu vermeiden, um einen günstigen Spanablauf zu ermöglichen und ein Quetschen und Reiben auszuschließen.

Die dazu erforderlichen Maßnahmen lassen sich weitgehend mit den Möglichkeiten der Schnittaufteilung durchführen, über die im folgenden berichtet wird. Da im Hinblick auf eine Leistungssteigerung eine Wechselbeziehung zwischen der Spanungsgeometrie und der Schnittgeschwindigkeit besteht, wird im weiteren Verlauf auch dem Einfluß der Schnittgeschwindigkeit nachgegangen.

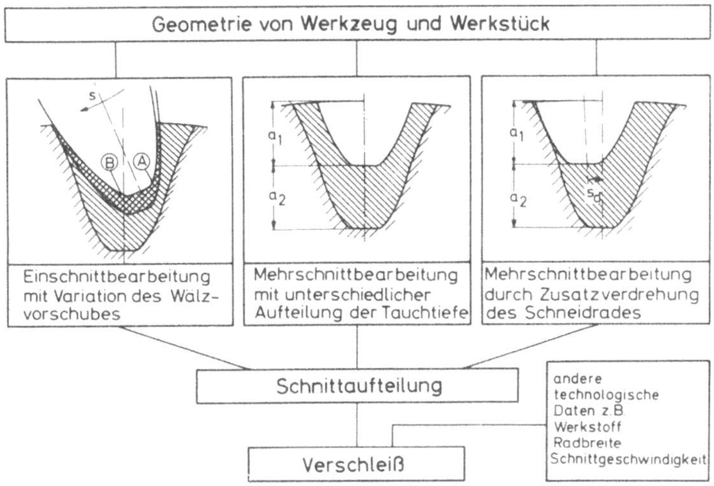

Bild 23: Möglichkeiten der Schnittaufteilung

Bild 23 zeigt die grundsätzlichen Möglichkeiten der Schnittaufteilung. Da die geometrische Auslegung von Werkzeug und Werkstück meist festliegt, konzentrieren sich die durchgeführten Verschleißuntersuchungen auf die folgenden Möglichkeiten der Schnittaufteilung und ihre Kombinationen:

- Schnittaufteilung durch Variation des Wälzvorschubs,
- Schnittaufteilung durch Mehrschnittbearbeitung,
  - Aufteilung der Tauchtiefe,
  - Zusatzdrehung des Werkzeugs.

3.2.1 Einfluß des Wälzvorschubs

Mit Vergrößerung des Wälzvorschubs steigen sämtliche Spanungsquerschnitte, d.h. auch diejenigen an der auslaufenden Flanke. Die Zahl der Arbeitshübe sinkt, d.h. das zerspante Volumen pro Hub steigt. In Bild 24 ist die Verschleißentwicklung an der standzeitbestimmenden auslaufenden Flanke dargestellt. Der Verschleiß an einlaufender Flanke und Zahnkopf ist demgegenüber gering und hier nicht eingezeichnet.

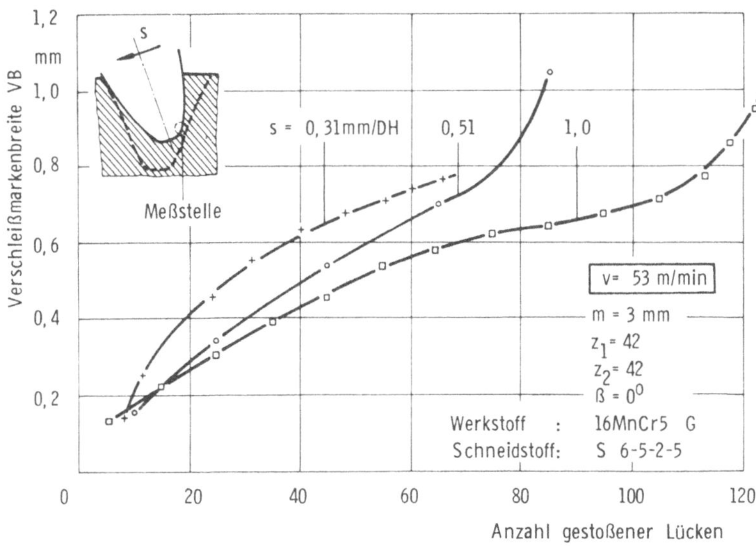

Bild 24: Einfluß des Wälzvorschubs auf den Verschleiß

Dem Bild ist zu entnehmen, daß bei der zugrundeliegenden Schnittgeschwindigkeit von 53 m/min eine Vergrößerung des Wälzvorschubs sich günstig auf die erzielte Standmenge auswirkt. Dieses Verhalten ist einmal auf die vergrößerten Spanungsdicken an der verschleißgefährdeten Stelle der Schneidkante und zum andern auf die geringere Anzahl von Arbeitshüben/Lücke zurückzuführen. In Abschnitt 3.3.1 wird am Beispiel einer Innenverzahnung hierauf noch näher eingegangen.
Bei Wahl einer höheren Schnittgeschwindigkeit (75 m/min) stellt sich eine entgegengesetzte Tendenz ein, wie Bild 25 zeigt.

Hier verschlechtert sich die Standmenge mit zunehmendem Wälzvorschub. Dies ist im wesentlichen auf die hohe thermische Belastung infolge der hohen Schnittgeschwindigkeit zurückzuführen. Diese thermische Belastung steigt mit den Spanungsdicken bei wachsendem Wälzvorschub, sodaß das Werkzeug früher erliegt.

Man ist zwar bestrebt, zur Senkung der Hauptzeit höhere Wälzvorschübe zu wählen, doch kann eine Verbesserung des Verschleißverhaltens in diesem Fall nur erreicht werden, wenn mit der Erhöhung des Wälzvorschubs die Schnittgeschwindigkeit geringfügig reduziert wird oder eine Vorbearbeitung der Zahnlücke im Zweischnittverfahren vorgenommen wird.

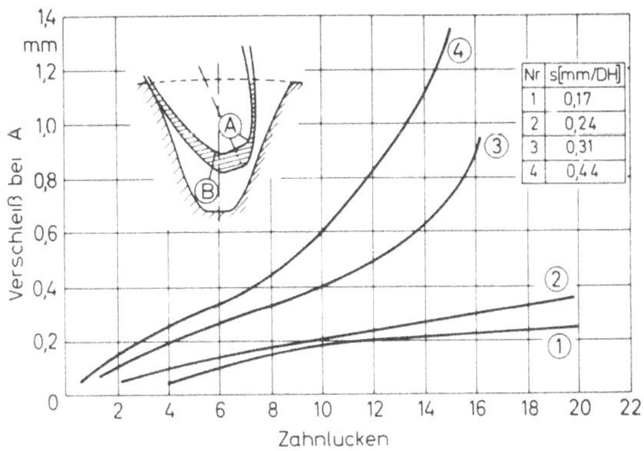

Bild 25: Einfluß des Wälzvorschubs auf den Verschleiß bei v = 75 m/min

3.2.2 Zweischnittbearbeitung

Aufteilung der Tauchtiefe

Die Zweischnittbearbeitung bietet vielseitige Möglichkeiten der Schnittaufteilung, da hier sowohl die einzelnen Zustelltiefen als auch die Wälzvorschübe in den einzelnen Rundgängen verändert werden können. Hinsichtlich der Hauptzeit ergeben sich jedoch u. U. Nachteile gegenüber der Einschnittbearbeitung.

Der Einfluß der Zustelltiefe (Tauchtiefe) auf den Verschleiß ist im oberen Teil von Bild 26 dargestellt. Es erweist sich, daß bei konstantem Wälzvorschub die günstigste Verschleißentwicklung dann vorliegt, wenn die Zustelltiefe a_1 im ersten Rundgang möglichst groß gewählt wird, in diesem Falle $a_1/a_2 = 4 : 1 = 80\ \% : 20\ \%$.

Zur Verdeutlichung der Zusammenhänge sind im unteren Bildteil die Anteile der Spanungsquerschnitte in den einzelnen Rundgängen an dem gesamten Spanungsquerschnitt an der Stelle des Verschleißmaximums dargestellt. Man erkennt, daß der Anteil des im ersten Rundgang zerspanten Querschnitts annähernd proportional der Zustelltiefe ist. Gleichzeitig sinkt entsprechend der Anteil im zweiten Rundgang.

Dies bedeutet, daß mit abnehmender Zahl der schneidenden Hübeim 2. Rundgang, in dem die vorverzahnte Lücke weiterbearbeitet wird, gleichmäßigere Spanungsdicken an Kopf, ein- und auslaufender Flanke entstehen.

Der Spanablauf wird günstiger, der Verschleiß an der auslaufenden Flanke sinkt.

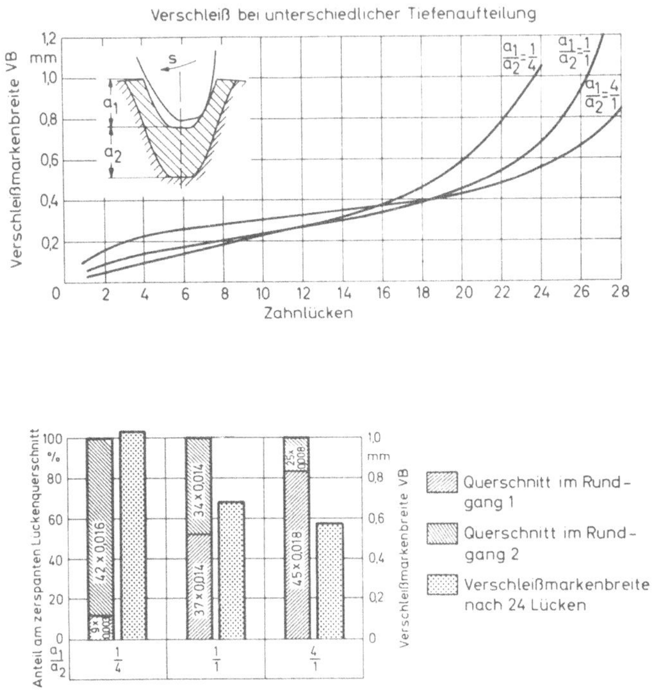

Bild 26: Zweischnittbearbeitung mit konstantem Wälzvorschub

Bild 27 zeigt im oberen Teil 4 Ergebnisse aus einer Versuchsreihe, in der neben der Tauchtiefe auch der Wälzvorschub je Rundgang verändert wurde. Die günstigste Verschleißentwicklung weist die Kombination (3) auf, die die günstigsten Fälle bei der Variation von Wälzvorschub (Bild 25) und Tiefenaufteilung (Bild 26) enthält. Es ist also eine möglichst große Tauchtiefe im 1. Rundgang bei mäßigem Wälzvorschub anzustreben.

Für die beiden extremen Fälle (3) und (4) sind die Spanungsdicken an der Stelle des größten Verschleißes im unteren Teil von Bild 27 aufgetragen. Dabei fällt auf, daß besonders im 2. Rundgang in Fall (4) der Bereich mit kleinen Spanungsdicken wesentlich größer ist als im Fall (3)

Man erkennt an diesen Beispielen, daß die Spanungsdicken entscheidend das Verschleißverhalten beeinflussen. Eine optimale Auslegung muß diesen Faktor berücksichtigen.

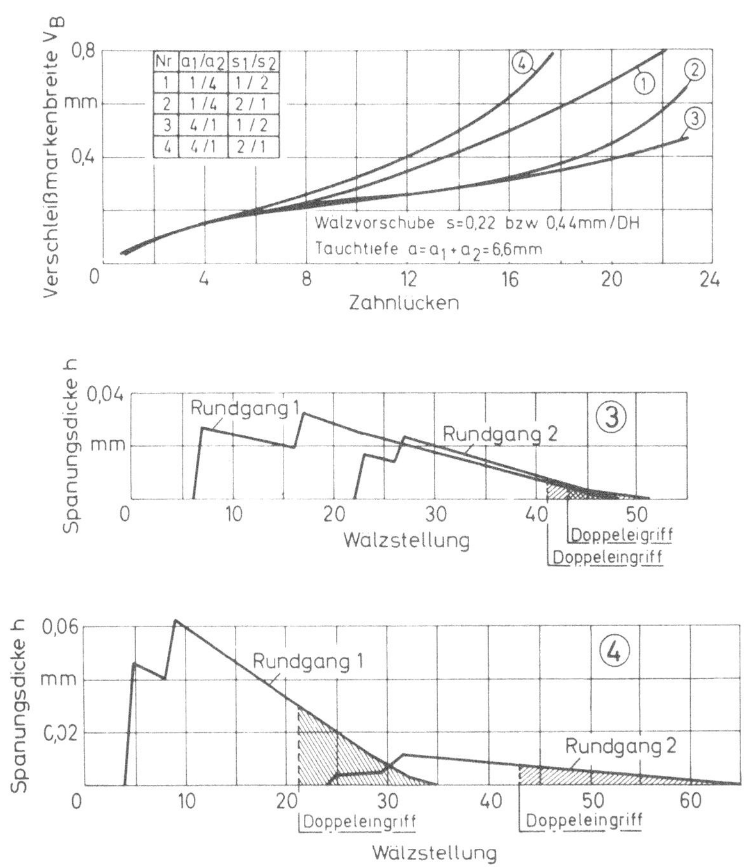

Bild 27: Zweischnittbearbeitung mit unterschiedlichem Wälzvorschub

Zusatzbewegung des Werkzeugs

Durch eine Zusatzdrehung des Werkzeugs gegenüber dem Werkrad werden direkt die Spanungsquerschnitte an beiden Werkzeugflanken beeinflußt. Dabei kann die Zusatzbewegung beispielsweise durch ein Differential oder durch seitlichen Tischversatz, d.h. nicht radiale sondern schräge Zustellung der Tauchtiefe, verwirklicht werden.

In dem Diagramm von Bild 28 sind einige Beispiele dargestellt, in denen bei einem vorgegebenen Wälzvorschub und verschiedenen Tiefenaufteilungen das Werkzeug gegenüber dem Werkstück so verdreht wurde, daß die Spanungsdicken entweder an der einlaufenden oder an der auslaufenden Flanke möglichst gering wurden. Erwartungsgemäß bringt eine Zusatzdrehung, die eine Vergrößerung der Spanungsdicken an der auslaufenden Flanke bewirkt, ein günstigeres Verschleißverhalten, wie dies die Kurven ①, ② und ③ zeigen. Mit zunehmender Zustelltiefe a_1 im 1.

Schnitt wird die mögliche Zusatzdrehung s_d kleiner, da die Zahnlücke zum Fuß hin enger wird und im 2. Rundgang das Profil noch vollständig ausgearbeitet werden muß. Eine zu große Zusatzbewegung würde einen Verschnitt der fertigen Zahnlücke zur Folge haben.

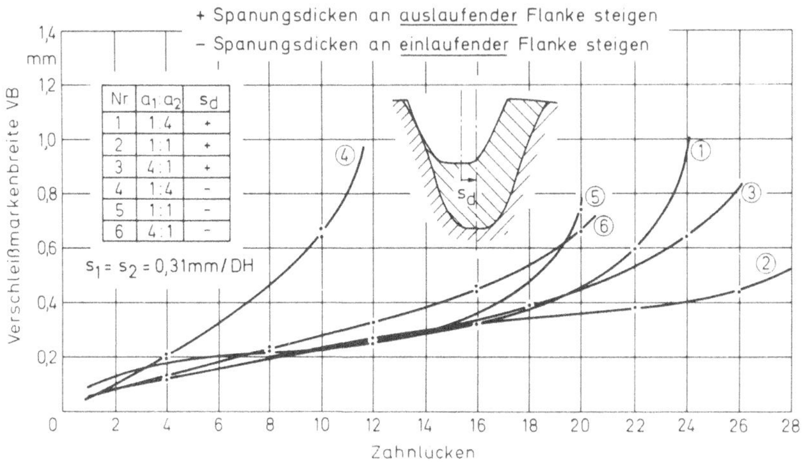

Bild 28: Zweischnittbearbeitung mit Zusatzdrehung

Da sich mit zunehmender Zustelltiefe a_1 im 1. Schnitt das Verschleißverhalten verbessert, andererseits der positive Effekt der Zusatzbewegung zurückgeht, ergibt sich durch die Überlagerung der beiden gegensätzlichen Einflüsse das Verschleißoptimum für eine mittlere Tauchtiefe a_1. Dieses Ergebnis wird durch die Kurve (2) bestätigt.

Legt man als Standzeitkriterium eine bestimmte Verschleißmarkenbreite zugrunde, so ergibt sich je nach Tiefenaufteilung eine unterschiedliche Standmenge. Das Diagramm in Bild 29 zeigt das Ergebnis der hier besprochenen Versuche. Hier ist die Anzahl der bis zum Erreichen einer Verschleißmarkenbreite von 0, 6 mm gestoßenen Lücken über dem Verhältnis a_1/a_2 aufgetragen. Wie aus dem Bild hervorgeht, gibt es sowohl für die Zweischnittbearbeitung mit als auch ohne Zusatzbewegung ein Maximum.

Die Lage dieses Maximums sowie die Anzahl der gestoßenen Lücken hängt unter anderem von der geometrischen Auslegung der Verzahnung, den verwendeten Werkstoffen, der Schnittgeschwindigkeit und dem Wälzvorschub ab. Jedoch kann qualitativ festgehalten werden, daß beim Wälzstoßen mit Zusatzbewegung das Maximum im Bereich a_1/a_2 = 1/1 und beim Stoßen ohne Zusatzbewegung das Maximum bei höheren Werten von a_1/a_2 liegt.

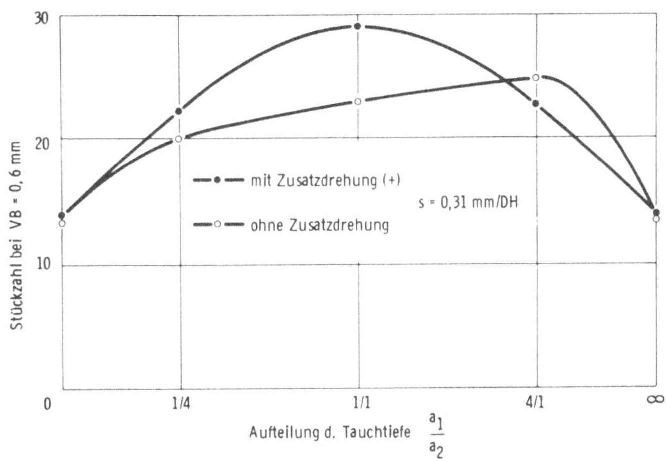

Bild 29: Standmengen bei unterschiedlicher Schnittaufteilung

Wie das Bild zeigt, ist es grundsätzlich möglich, mit Hilfe der Schnittaufteilung eine Verschleißoptimierung durchzuführen. Dabei kann an Hand der vorgestellten Versuchsergebnisse zu den einzelnen Möglichkeiten zusammenfassend folgendes gesagt werden:

a) Wälzvorschub
Er kann insbesondere bei hoher Schnittgeschwindigkeit nicht beliebig gesteigert werden, da damit erhöhter Reibverschleiß und thermische Belastungen verbunden sind.

b) Zweischnittbearbeitung
Beim Wälzstoßen in zwei Schnitten ist es vorteilhaft, eine möglichst große Zustellung in den ersten Schnitt zu legen. Bei zusätzlicher Variation des Wälzvorschubs ist im ersten Rundgang ein kleiner Wälzvorschub zu wählen.
Die Zusatzbewegung mit einer Vergrößerung der Spanungsdicken bringt eine Verbesserung des Verschleißverhaltens. Mit dem Einfluß der Tiefenzustellung ergibt sich ein Optimum bei einer mittleren Aufteilung.

3.2.3 Einfluß der Schnittgeschwindigkeit

In den Untersuchungen zeigte sich, daß das Standzeitverhalten eines HSS-Schneidrads entscheidend durch die Schnittgeschwindigkeit mitbestimmt wird. Um die Untersuchungen über die zerspankinematischen Einflußgrößen abzurunden, wurde in einer Versuchsreihe dem Einfluß der Schnittgeschwindigkeit nachgegangen.

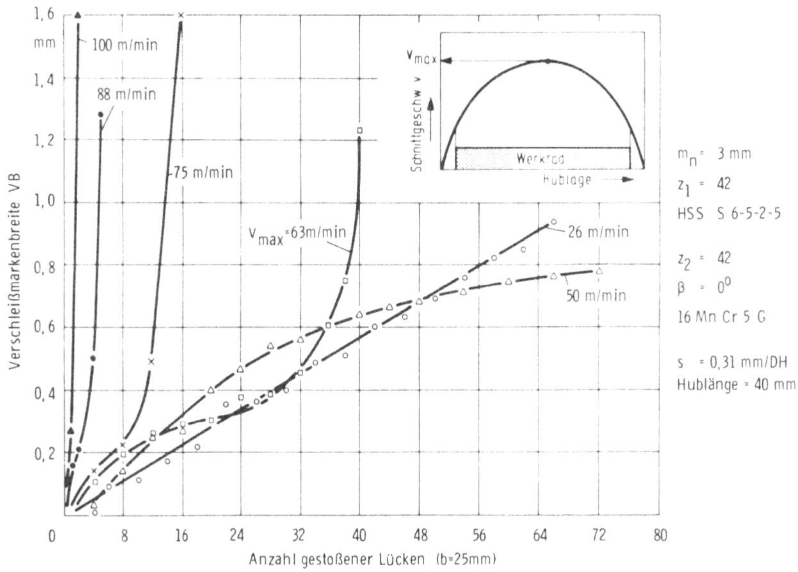

Bild 30: Einfluß der Schnittgeschwindigkeit auf den Verschleiß

Auf Grund des Erzeugungsprinzips der Hubbewegung (Schubkurbeltrieb) weist die Hubgeschwindigkeit einen periodischen Verlauf auf d.h. während des Arbeitshubs der Stoßspindel steigt die Hubgeschwindigkeit vom Wert Null (oberer Totpunkt) auf einen Maximalwert v_{max} an und sinkt anschließend wieder auf den Wert Null (unterer Totpunkt) ab. Dieser Zusammenhang ist schematisch im rechten oberen Teil von Bild 30 dargestellt.

Der Einfluß der Geschwindigkeit v_{max} auf das Verschleißverhalten des Schneidrads ist im Hauptteil des Bildes ersichtlich. Mit zunehmender Schnittgeschwindigkeit wächst der Freiflächenverschleiß stark an. Daneben ist jedoch von Bedeutung, daß auch eine niedere Schnittgeschwindigkeit (im Bild v_{max} = 26 m/min) keinen Standzeitgewinn bringt; zudem steigt die Hauptzeit an. Vermutlich sind bei kleinen Schnittgeschwindkeiten die Bedingungen für einen stabilen Schnitt, d.h. gleichmäßige Fließspanbildung, nicht mehr erfüllt. Es erscheint also zweckmäßig, für den im Bild beschriebenen Bearbeitungsfall mit einer Schnittgeschwindigkeit von etwa 50 m/min zu arbeiten.

In Abhängigkeit von der Lage des Werkstücks im Hubbereich des Schneidrads ändern sich bei konstanter Hubzahl Ein- und Austrittsgeschwindigkeit des Werkzeugs in bzw. aus dem Werkstückmaterial, wie aus dem linken oberen Diagramm von Bild 31 hervorgeht. Für vier verschiedene Hublagen sind Ein- und Austrittsgeschwindigkeit gekennzeichnet. Der Einfluß der Hublage auf das Verschleißverhalten ist im Hauptteil von Bild 31 dargestellt. Es zeigt sich, daß im Fall ③ , d.h. Mittellage des Werkstücks, die höchste Standmenge erzielt wird. Das schlechte Verschleißverhalten der Fälle ① und ② ist vermutlich durch die starke Änderung der Schnittgeschwindigkeit im Eintrittsbereich zu erklären, wie sie im Prinzipbild links oben im Bild zu erkennen ist. Bei niederen Schnittgeschwindigkeiten steigen die Schnittkräfte und damit der Verschleiß an. Die geringe Standzeit im Fall ④ läßt sich evtl. auf die hohe Stoßbeanspruchung beim Auftreffen des Schneidrads mit hoher Geschwindigkeit erklären.

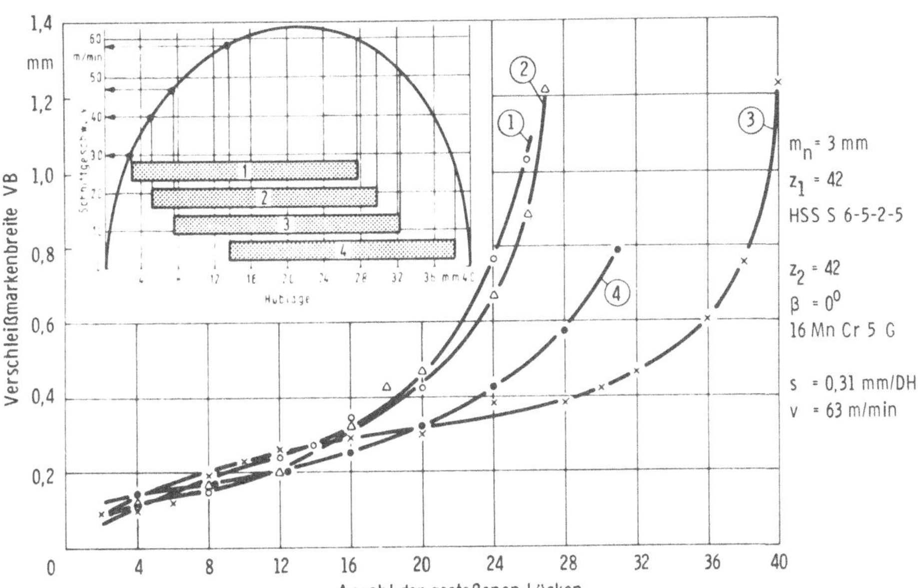

Bild 31: Einfluß der Hublage auf den Freiflächenverschleiß

Die gleiche Tendenz - erhöhter Verschleiß bei niedriger Eintrittsgeschwindigkeit - zeigt sich auch in dem Zusammenhang zwischen Hublänge und Freiflächenverschleiß (Bild 32). In diesem Falle ist bei gleicher Schnittgeschwindigkeit v_{max} die Hublänge und damit der Bereich des

Überlaufs geändert worden. Dadurch ergibt sich für die kleinere Hublänge eine wesentlich geringere Schnittgeschwindigkeit zu Beginn des Arbeitshubs und damit ein höherer Verschleiß.

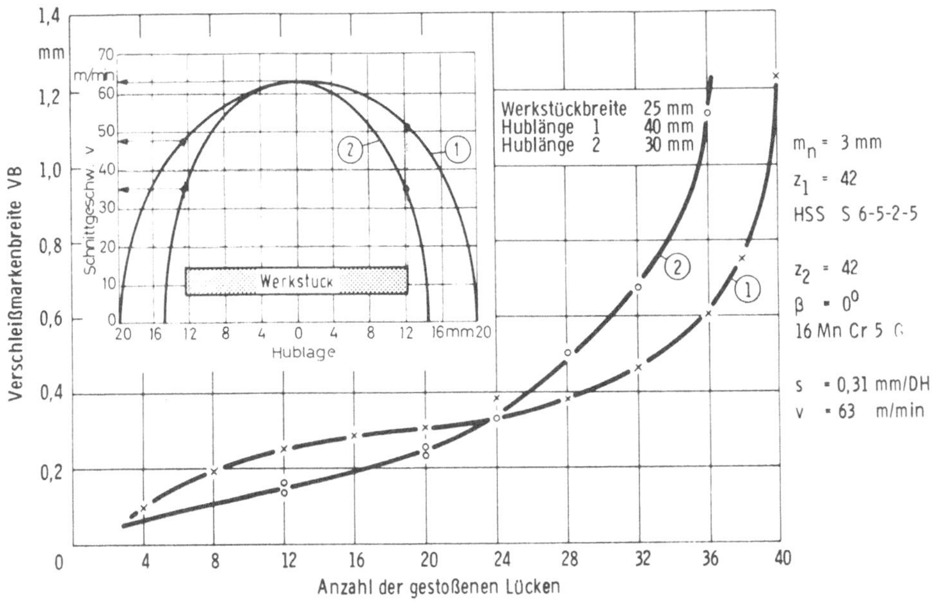

Bild 32: Freiflächenverschleiß bei unterschiedlicher Hublänge

Es erscheint also zweckmäßig, wie aus den Bildern 30, 31 und 32 hervorgeht, einmal die Hubzahl so zu wählen, daß bei ausreichend kleiner Hauptzeit eine möglichst große Standzeit erzielt wird; im vorliegenden Falle liegt dieses Optimum bei v_{max} = 40 ... 60 m/min. Zum andern sind Hublänge und Hublage so auszulegen, daß im Bereich des Werkstücks nur geringe Änderungen der Schnittgeschwindigkeit auftreten; dabei darf jedoch die Eintrittsgeschwindigkeit andererseits nicht so hoch sein, daß dadurch eine zu hohe Stoßbelastung für das Werkzeug entsteht. Dies bedeutet, daß mit Erhöhung der Schnittgeschwindigkeit v_{max} auch der Überlauf des Schneidrads und damit die Hublänge vergrößert werden sollten.

Folgerungen:

Die Untersuchungen haben gezeigt, daß beim Wälzstoßen von Außenverzahnungen sowohl der geeigneten Schnittaufteilung als auch der Schnittgeschwindigkeit eine beachtliche Bedeutung zukommt. Durch geeignete Wahl der Parameter Tauchtiefe, Wälzvorschub und Schnittgeschwindigkeit läßt sich eine beachtliche Leistungssteigerung erzielen. Daß diese Möglichkeiten nicht nur auf Außenverzahnungen beschränkt sind, soll im folgenden Abschnitt gezeigt werden, in dem Untersuchungen an Innenverzahnungen mit dem gleichen Ziel - Leistungssteigerung des Wälzstoßens - vorgestellt werden.

3.3 Standzeituntersuchungen beim HSS-Wälzstoßen von Innenverzahnungen

Gemeinsames Merkmal bei Außen- und Innenverzahnungen ist die Herstellung nach dem Wälzprinzip. Innenverzahnungen weisen jedoch bei der Herstellung als spezifische Besonderheit einen wesentlich höheren Überdeckungsgrad auf, sodaß sie sich nicht ohne weiteres mit Außenverzahnungen vergleichen lassen.

An Hand der Spanungsquerschnitte in Bild 33 soll der grundsätzliche Unterschied zwischen Innen- und Außenverzahnungen bei der Entstehung einer Zahnlücke aufgezeigt werden. In dem Bild sind für beide Verzahnungsarten jeweils über der abgewickelten Schneidkante die Spanungsdicken in der Reihenfolge der einzelnen Arbeitshübe von unten nach oben dargestellt. Zur besseren Übersicht wurde dabei nur jeder 4. Arbeitshub gezeichnet. Es handelt sich in beiden Fällen um die gleichen Verzahnungsdaten.

Beim Vergleich der beiden Verzahnungen fällt auf, daß im Falle der Innenverzahnung die doppelte Anzahl von Arbeitshüben zur Ausbildung einer Zahnlücke erforderlich ist und daß an der auslaufenden Schneidzahnflanke bei der Innenverzahnung wesentlich geringere Spanungsdicken auftreten. Außerdem ist zu erkennen, daß der Bereich der Arbeitshübe, in denen ein zusammenhängender Span an einlaufender Flanke, Kopf und auslaufender Flanke entsteht, bei der Innenverzahnung größer ist.

Im Bereich der auslaufenden Flanke bewegen sich die Spanungsdicken bei der Innenverzahnung trotz des relativ hohen Wälzvorschubs zwischen 0,01 und 0,02 mm. Verschleißuntersuchungen ergaben für diesen Fall, daß ebenso wie bei der Außenverzahnung (Bild 19) der Maximalverschleiß an der auslaufenden Flanke in Kopfnähe auftrat. In früheren Untersuchungen wurde nachgewiesen, daß durch eine Vermeidung der ungünstigen Spanungsquerschnitte an dieser Stelle der Schneidkante ein Standzeitanstieg zu erwarten ist.

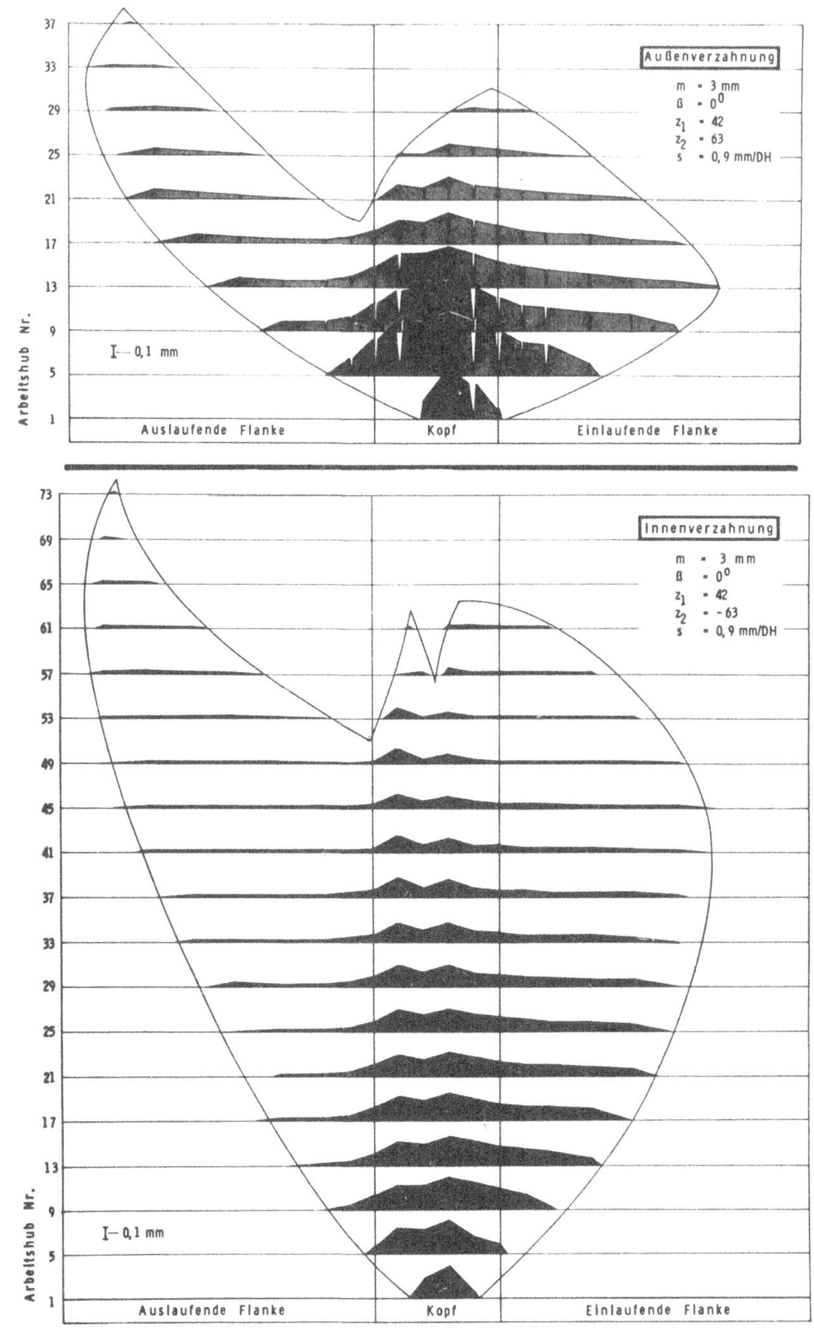

Bild 33: Spanungsquerschnitte von Außen- und Innenverzahnungen

Es bieten sich auch hier grundsätzlich zwei Möglichkeiten an, die Spanungsdicken an der verschleißgefährdeten auslaufenden Flanke zu erhöhen:

a) Vergrößerung des Wälzvorschubs,
b) Schnittaufteilung durch Mehrschnittbearbeitung.

Im folgenden sollen diese beiden Möglichkeiten an Hand von theoretischen und praktischen Untersuchungen näher diskutiert werden.

3.3.1 Einfluß des Wälzvorschubs

Mit einer Vergrößerung des Wälzvorschubs steigen die Spanungsdicken an allen drei Schneidkanten in etwa proportional zum Wälzvorschub. Dies läßt die Gefahr vermuten, daß dadurch verstärkt Querstauchungen beim Spanablauf auftreten und einen erhöhten Verschleiß bewirken. Andererseits sinkt jedoch mit zunehmendem Wälzvorschub die Anzahl der schneidenden Hübe je Lücke, so daß zwar je Arbeitshub eine höhere Belastung vorliegt, zur Ausbildung einer Zahnlücke jedoch weniger Hübe erforderlich sind. Auf Grund praktischer Untersuchungen kann festgestellt werden, daß nach Wahl einer günstigen Schnittgeschwindigkeit (vgl. Bild 30) der Wälzvorschub gegenüber heute praxisüblichen Werten bedeutend erhöht werden kann und daß damit beachtliche Leistungssteigerungen zu erzielen sind.

In den Versuchen, deren Ergebnisse in Bild 34 dargestellt sind, wurde mit einer Schnittgeschwindigkeit von 55 m/min und verschiedenen Wälzvorschüben gearbeitet. Im Bild ist der Freiflächenverschleiß an der standzeitbestimmenden auslaufenden Flanke über der Anzahl der hergestellten Lücken aufgetragen. Es ergibt sich eine eindeutige Tendenz: Die Standmenge vergrößert sich mit zunehmendem Wälzvorschub. In der Verzahnpraxis werden für diesen Fall Wälzvorschübe von maximal 1,2 mm/DH empfohlen. In den Versuchen stellte sich heraus, daß diese Werte weit übertroffen werden können und daß darüberhinaus ein günstigeres Verschleißverhalten erwartet werden kann.

Es muß hier jedoch betont werden, daß die Verwirklichung von Wälzvorschüben über 1 mm/DH in diesem Beispiel nur möglich war, nachdem für jeden Wälzvorschub eine gesonderte Kollisionsberechnung für den Rückhub durchgeführt wurde. Es stellte sich heraus, daß es gerade bei den großen Wälzvorschüben erforderlich ist, den Achsversatz von Schneidrad und Werkrad in der Toleranz von 1/10 mm genau einzustellen, da nur auf diese Weise Kollisionsfreiheit gewährleistet werden kann.

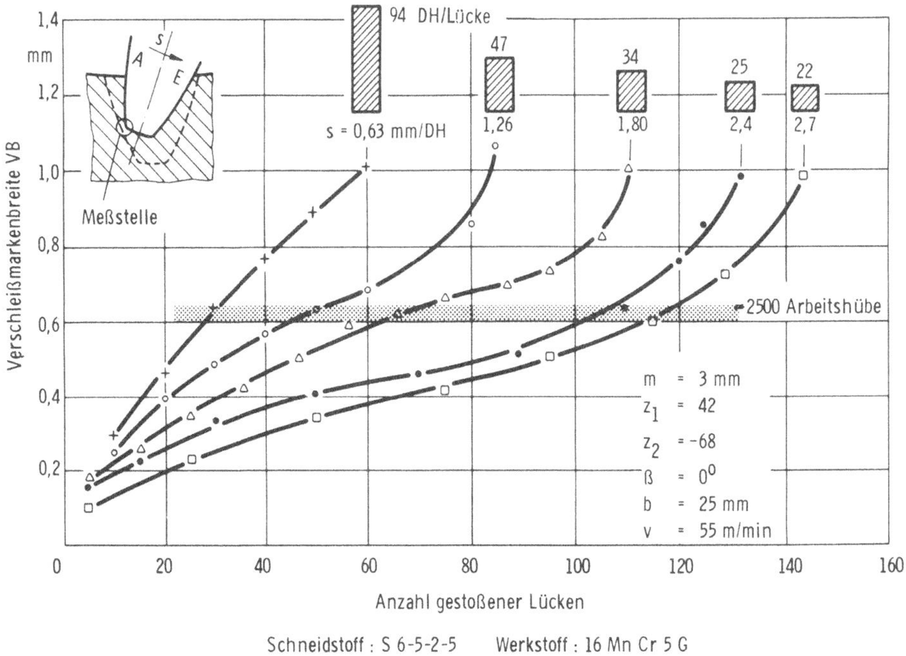

Bild 34: Verschleiß bei verschiedenen Wälzvorschüben (Innenverzahnung)

Zudem zeigte es sich, daß nicht nur die Abheberichtung genau eingestellt werden muß, sondern daß auch der Abhebebetrag genügend groß gewählt werden muß. Eine Vergrößerung des Wälzvorschubs über den im Bild gezeigten maximalen Wert von 2, 7 mm/DH hinaus war in den Versuchen durch die maschinenbedingte Beschränkung auf einen Abhebebetrag von 0, 6 mm nicht möglich. Durch einen vergrößerten Abhebebetrag hätte der Wälzvorschub vermutlich noch geringfügig gesteigert werden können. Das Beispiel zeigt, daß mit der Möglichkeit der Kollisionsberechnung beachtliche Leistungsreserven erschlossen werden können.

Das Verschleißverhalten des Versuchs in Bild 34 kann wie folgt erklärt werden: Durch den vergrößerten Wälzvorschub sinkt die Anzahl der schneidenden Hübe je Zahnlücke. Wie dem Balkendiagramm im oberen Teil von Bild 34 zu entnehmen ist, werden bei s = 0, 63 mm/DH 94 Arbeitshübe je Lücke benötigt, während bei s = 2, 7 mm/DH nur 22 erforderlich sind.

Bei konstanter Schnittgeschwindigkeit reduziert sich damit auch die reine Schnittzeit je Zahnlücke. Die tatsächliche Standzeit, d.h. die reine Schnittzeit bis zum Erliegen, ändert sich jedoch kaum mit dem Wälzvorschub. Dies kann aus dem schraffierten Bereich entnommen werden, der einer Gesamtzahl von 2500 Arbeitshüben bei allen Wälzvorschüben entspricht.

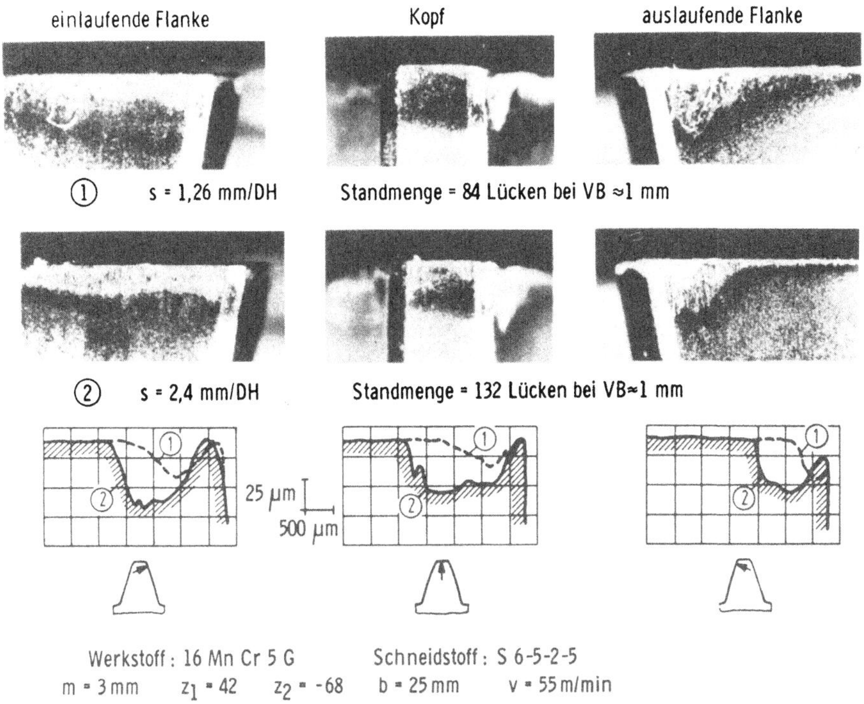

Bild 35: Kolk- und Freiflächenverschleiß bei unterschiedlichen Wälzvorschüben

Bild 35 zeigt Fotos der Freiflächen sowie Kolkschriebe für s = 1,26 mm/DH und s = 2,4 mm/DH jeweils am Ende der Standzeit. Während der Freiflächenverschleiß der auslaufenden Flanken in etwa gleich ist (bei unterschiedlichen Standmengen), ist der Verschleiß an der einlaufenden Flanke im Falle s = 2,4 mm/DH deutlich höher als im Falle s = 1,26 mm/DH. Der Verschleißzuwachs spiegelt sich auch im Kolkverschleiß wieder. Sowohl Kolkmittenabstand als auch Kolktiefe vergrößern sich mit zunehmendem Wälzvorschub. Dies führt an der auslaufenden Flanke zu einer Verstärkung der Kolklippe, wodurch der Kolklippenschwund vergrößert wird.

Die bessere Nutzung des Schneidrads mit zunehmendem Wälzvorschub geht ganz deutlich aus Bild 36 hervor. Hier ist einer Verschleißmarkenbreite von 0,6 mm an der auslaufenden Flanke der zugehörige Verschleiß an einlaufender Flanke und Zahnkopf für verschiedene Wälzvorschübe zugeordnet. Dem Bild kann entnommen werden, daß mit zunehmendem Wälzvorschub eine Annäherung der Verschleißmarkenbreiten erfolgt, d.h. daß im Falle von s = 2,7 mm/DH auslaufende Flanke, Kopf und einlaufende Flanke ungefähr gleich stark verschlissen und damit gleichmäßig genutzt sind. Im Falle von s = 0,63 mm/DH bieten Kopf und einlaufende Flanke dagegen noch Reserven, während durch den Verschleiß an der auslaufenden Flanke Standzeit und Nachschliffmaß bestimmt werden.

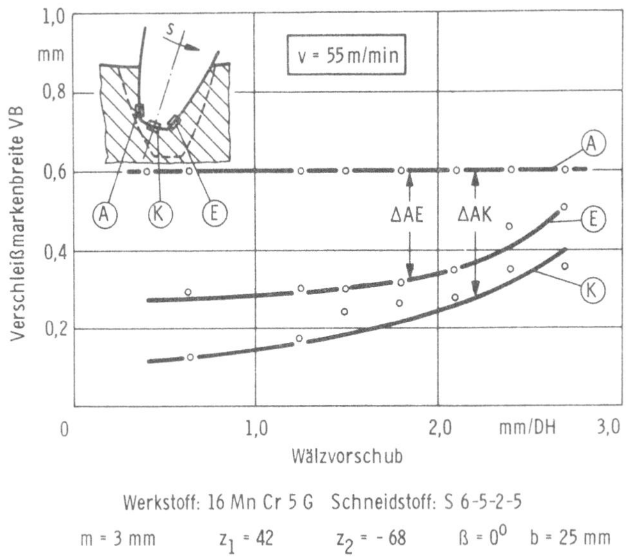

Bild 36: Verschleißverteilung bei unterschiedlichen Wälzvorschüben

Auf Grund der mit dem Wälzvorschub zunehmenden Spanungsdicken wird es eine obere Grenze für den Wälzvorschub wegen der Schneidenbeanspruchung geben. In den Versuchen war sie mit s = 2,7 mm/DH noch nicht erreicht, wie die zunehmende Standmenge zeigt. In diesem Fall gewinnt schon die Frage nach der Qualität der erzeugten Verzahnung Bedeutung, da hier die Zahnlücke in nur 22 Arbeitshüben fertiggestellt wird, die Hüllschnittzahl für die Flankenform relativ gering wird. Es ist im Einzelfall zu entscheiden, welches Kriterium für die Begrenzung des Wälzvorschubs heranzuziehen ist.

Bei der hier untersuchten Verzahnung konnte hinsichtlich des Flankenformfehlers bei allen Wälzvorschüben (0,63 ... 2,4 mm/DH) Qualität 8 nach DIN 3962 erreicht werden. Bild 37 zeigt Flankenformdiagramme von Innenverzahnungen, die mit s = 0,63 mm/DH und s = 2,4 mm/DH gefertigt wurden. Aufgrund der konkaven Krümmung der Innenverzahnung wirken sich die Hüllschnittabweichungen auch bei dem hohen Wälzvorschub kaum aus. Vielmehr überlagert sich die Oberflächenrauheit in dominierendem Maße.

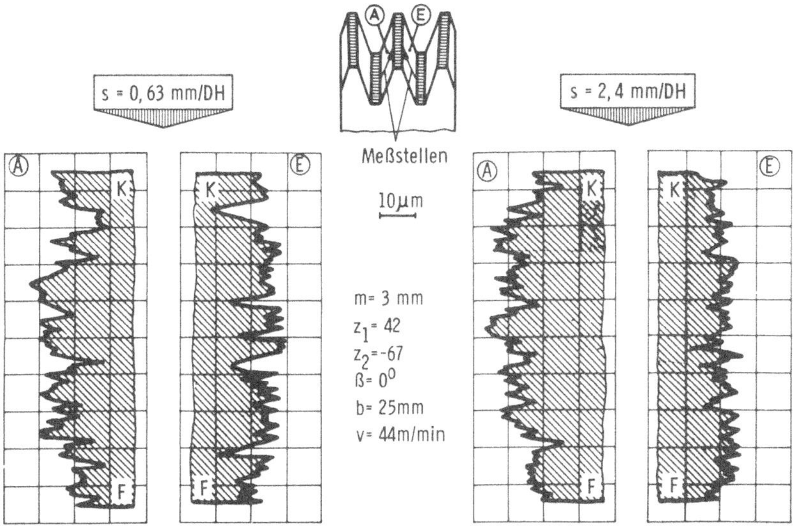

Bild 37: Flankenform bei unterschiedlichem Wälzvorschub

3.3.2 Der Einfluß der Schnittgeschwindigkeit

Die Zerspanleistung eines HSS-Werkzeugs hängt in starkem Maße von der Schnittgeschwindigkeit ab. Um den Zusammenhang zwischen Standmenge und Schnittgeschwindigkeit zu erfassen, wurden für mehrere Wälzvorschübe bei verschiedenen Schnittgeschwindigkeiten Standzeitversuche durchgeführt. Bild 38 zeigt das Ergebnis dieser Untersuchungen. Über Schnittgeschwindigkeit v und Wälzvorschub s sind hier die erzielten Standmengen bei VB = 0,8 mm aufgetragen.

Im untersuchten Bereich ergibt sich für jeden Wälzvorschub eine optimale Schnittgeschwindigkeit, wobei dieser mit zunehmendem Wälzvorschub schmaler wird. Gleichzeitig zeigt sich bei $v < 50$ m/min eine Zunahme der Standmenge mit steigendem Wälzvorschub. Bei $v > 60$ m/min ergibt sich ein Abfall der Standmenge. Demnach erscheint es zweckmäßig, hohe Wälzvorschübe bei mäßigen Schnittgeschwindigkeiten anzuwenden. Dabei ist jedoch sorgfältig auf eine geeignete Schnittgeschwindigkeit zu achten, wie der stärkere Abfall der Standmenge im Falle s = 2,4 mm/DH zeigt.

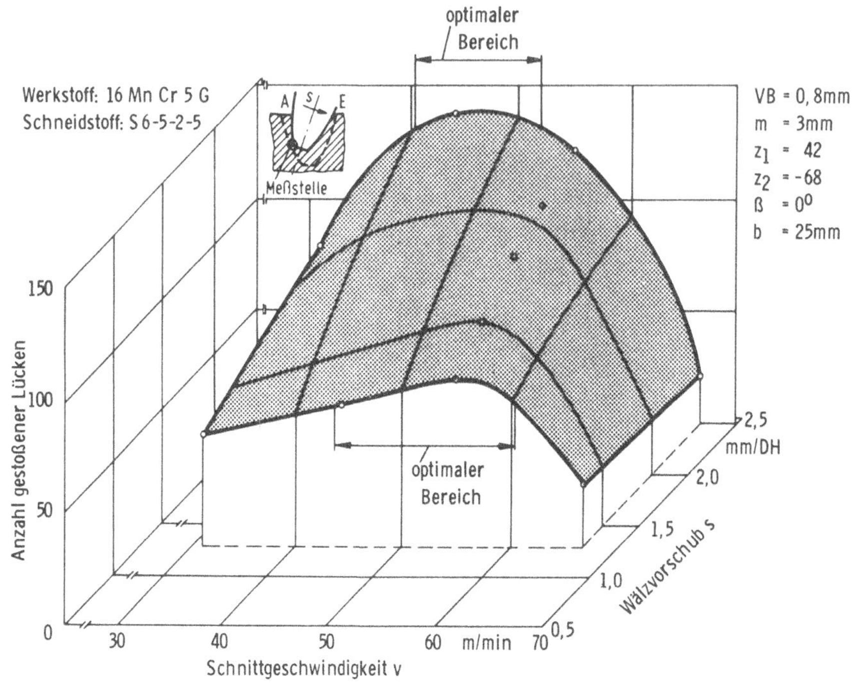

Bild 38: Einfluß von Schnittgeschwindigkeit und Wälzvorschub

Für den Fall s = 2,4 mm/DH wurden am Ende der Standzeit für drei verschiedene Schnittgeschwindigkeiten Kolkschriebe erstellt, wie sie in Bild 39 dargestellt sind. Für v = 31 m/min ergibt sich ein relativ geringer Kolkverschleiß aufgrund der niedrigen Wärmebelastung. Standzeitkriterium war eine Verschleißmarkenbreite von 1 mm, an der auslaufenden Flanke.

Im Falle v = 55 m/min zeigt sich bei etwa gleichem Kolkmittenabstand gegenüber v = 31 m/min eine erheblich größere Kolktiefe. Bei weiterer Steigerung der Schnittgeschwindigkeit auf v = 66 m/min verringert sich der Kolkmittenabstand an der auslaufenden Flanke erheblich, wodurch bereits nach 25 Werkstücken das Standzeitende infolge Kolklippenschwunds erreicht wird.

Diese Untersuchungen zeigen für den gewählten Verzahnungsfall, daß mit geeigneter Wahl von Schnittgeschwindigkeit und Wälzvorschub verbesserte Zerspanleistungen beim Wälzstoßen von Innenverzahnungen erzielt werden können.

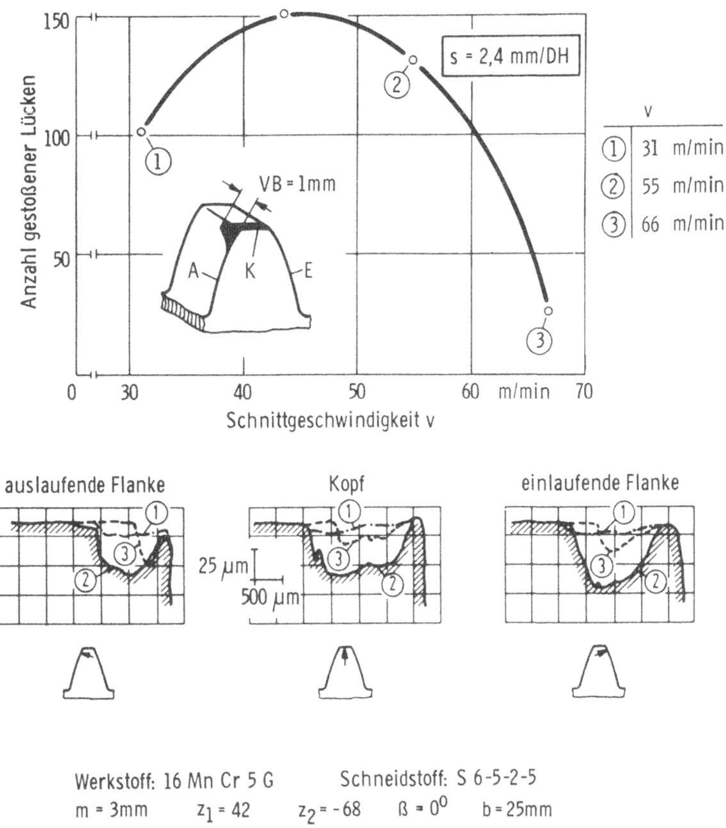

Bild 39: Kolkverschleiß bei unterschiedlicher Schnittgeschwindigkeit

3.3.3 Der Einfluß der Zweischnittbearbeitung

Nachdem bereits in der Einschnittbearbeitung durch starke Vergrößerung des Wälzvorschubs beachtliche Standzeitgewinne erzielt werden konnten, erscheint es zunächst fraglich, ob durch die Zweischnittbearbeitung, die eine zusätzliche Werkraddrehung erfordert, eine weitere Leistungssteigerung erzielt werden kann. Im folgenden wird über Untersuchungen zur Zweischnittbearbeitung mit und ohne Zusatzdrehung berichtet.

Zweischnittbearbeitung ohne Zusatzdrehung

Für die gewählte Verzahnung mit z_2 = -68 und einem Schneidrad mit z_1 = 42, wie sie für die Untersuchungen zur Verfügung standen, ergaben Kollisionsberechnungen, daß im Bereich der Tauchtiefenaufteilung a_1/a_0 = 0,2 .... 0,8 keine Maschineneinstellung gefunden werden konnte, die eine kollisionsfreie Bearbeitung gewährleistet. Dieser Sachverhalt soll kurz am Beispiel von s = 0,6 mm/DH und a_1/a_0 = 0,5 erläutert werden. Bild 40 zeigt das Ergebnis einer Kollisionsberechnung für diesen Fall und zwar sind die kollisionsgefährdeten Hübe des ersten und zweiten Schnitts dargestellt.

Auf Grund der Kollision im ersten Schnitt am Übergang vom Kopf zur einlaufenden Flanke wäre eine Veränderung der Abheberichtung, d.h. des Achsversatzes erforderlich. Da jedoch die Kollision im zweiten Schnitt an der anderen Flanke auftritt, würde sich hieraus eine Veränderung der Abheberichtung im entgegengesetzten Sinn ergeben. Es kann keine Abheberichtung (Achsversatz) gefunden werden, die Kollisionsfreiheit in beiden Schnitten gewährleistet. Eine Vergrößerung des Abhebebetrags würde in diesem Fall nicht ausreichen.

In den anderen Fällen für andere Werte von a_1/a_0 bzw. andere Wälzvorschübe ergaben die Berechnungen analoge Resultate. Stichprobenartig durchgeführte praktische Untersuchungen bestätigten voll die theoretisch gefundenen Ergebnisse. Daher lag der einzige Ausweg in dieser Problematik in der Anwendung der Zweischnittbearbeitung mit Zusatzdrehung.

Zweischnittbearbeitung mit Zusatzdrehung

Durch eine Zusatzdrehung des Werkstücks zwischen dem ersten und zweiten Schnitt konnte eine kollisionsfreie Bearbeitung im Bereich s = 0,6 ... 2,4 mm/DH erreicht werden. Bild 41 zeigt Verschleißdiagramme für drei verschiedene Wälzvorschübe. Dabei ist jeweils über der Gesamthubzahl der maximale Freiflächenverschleiß dargestellt. Zum Vergleich ist der Zweischnittbearbeitung die Einschnittbearbeitung gegenübergestellt.

Es ergibt sich in allen drei Fällen für die Zweischnittbearbeitung eine Erhöhung der Gesamthubzahl gegenüber der Einschnittbearbeitung; jedoch nimmt der Unterschied mit zunehmendem Wälzvorschub ab, wie die eingezeichneten Pfeile für VB = 0,6 mm zeigen. Der positive Einfluß der Zweischnittbearbeitung ist, wie bei Außenverzahnungen, auf die verbesserte Spanungsgeometrie zurückzuführen.

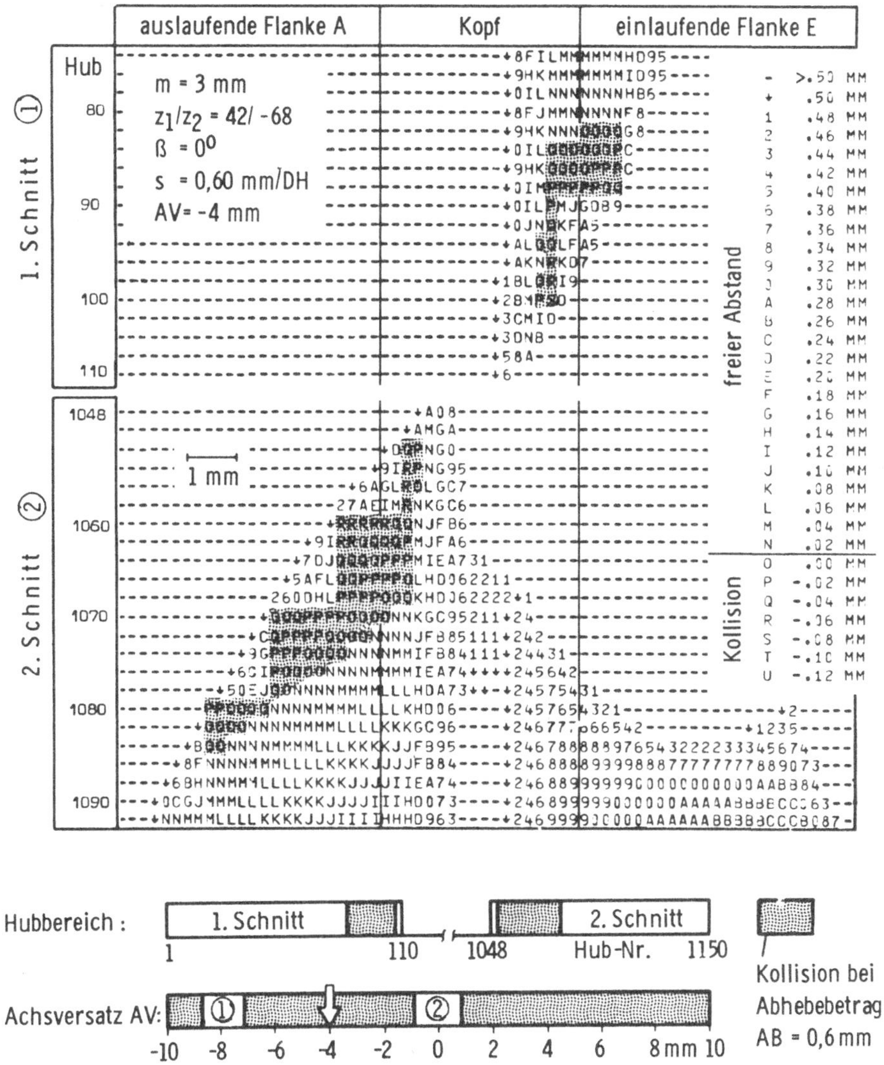

Bild 40: Kollisionsberechnung bei Zweischnittbearbeitung

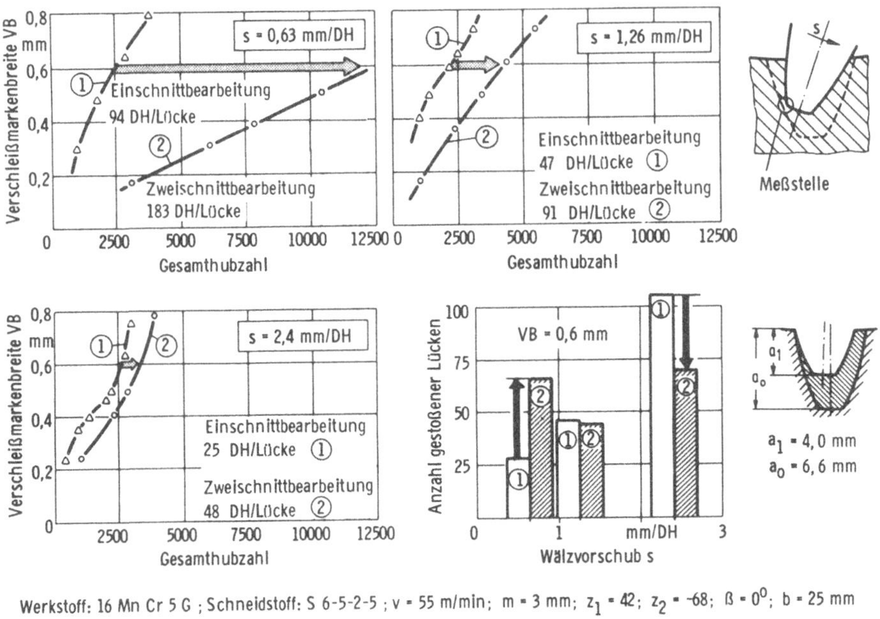

Bild 41: Einfluß des Wälzvorschubs bei Zweischnittbearbeitung

Die Ausbildung einer Zahnlücke erfordert bei Zweischnittbearbeitung etwa doppelt soviel Arbeitshübe wie bei der Einschnittbearbeitung. Trotzdem ergibt sich im Falle s = 0, 63 mm/DH ein deutlicher Standmengengewinn, wie er aus dem Balkendiagramm rechts unten im Bild hervorgeht. Bei höheren Wälzvorschüben reicht der Vorteil in der Gesamthubzahl nicht mehr aus, um auch eine Verbesserung der Standmenge zu bewirken, wie im Falle s = 2, 4 mm/DH zu sehen ist. Sie liegt jedoch trotzdem noch höher als bei s = 0, 6 mm/DH, sodaß sich auch hier der positive Effekt des erhöhten Wälzvorschubs zeigt.

Aus den Ergebnissen läßt sich schließen, daß nach Möglichkeit im Einschnittverfahren mit großem Wälzvorschub und mäßiger Schnittgeschwindigkeit gearbeitet werden sollte. Liegt jedoch bezüglich des Wälzvorschubs eine Begrenzung vor, z. B. durch Behinderung im Spanablauf bei breiten Verzahnungen, so können u. U. mit der Zweischnittbearbeitung bessere Resultate erzielt werden. Dabei ist jedoch, wie Bild 42 zeigt, besonderer Wert auf die Aufteilung der Tauchtiefe zu legen.

Im Bild ist ein Verschleißdiagramm für drei Aufteilungen der Tauchtiefe dargestellt. Zusätzlich ist zum Vergleich eine Verschleißkurve bei Einschnittbearbeitung eingetragen. Den günstigsten Verlauf weist eine Tauchtiefenaufteilung a_1/a_0 = 0,6 auf, d. h. 60 % der Tauchtiefe sollte im ersten Schnitt zerspant werden. Diese Aufteilung liegt auch Bild 41 zugrunde. In den anderen Fällen mit a_1/a_0 = 0,4 und 0,8 ergibt sich eine schlechtere Ausnutzung des Schneidrads. Die Ergebnisse in diesem Diagramm beziehen sich auf einen Wälzvorschub von 0,63 mm/DH. Bei höheren Wälzvorschüben gewinnt, wie gezeigt wurde, die Einschnittbearbeitung an Bedeutung.

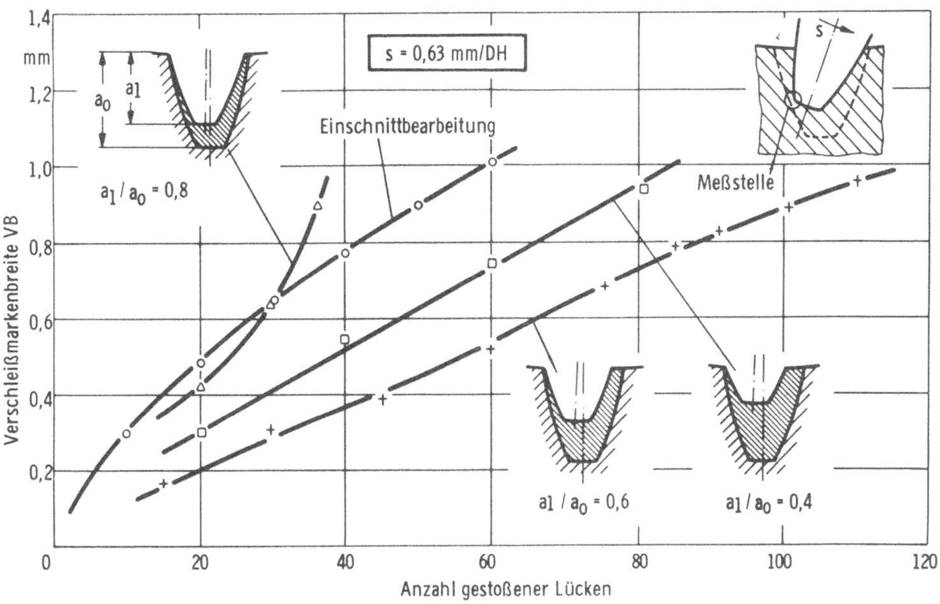

Werkstoff: 16 Mn Cr 5 G ; Schneidstoff: S 6-5-2-5 ; v = 55 m/min; m = 3 mm; z_1 = 42; z_2 = -68; ß = 0°; b = 25 mm

Bild 42: Aufteilung der Tauchtiefe bei Zweischnittbearbeitung

In den Fällen, in denen breite Verzahnungen hergestellt werden müssen, kann wegen des Spanablaufs nicht der maximale Wälzvorschub verwirklicht werden. Hier erscheint die Anwendung des Mehrschnittverfahrens sinnvoll. Auch hier können durch eine exakte Kollisionsberechnung Bearbeitungsdaten verwirklicht werden, die höher liegen als die heute üblichen, bei denen immer noch von einer gewissen Unsicherheit wegen der Kollisionsgefahr ausgegangen wird.

Die bisher diskutierten praktischen Untersuchungen zeigen deutlich, daß es unter Berücksichtigung der Zerspankinematik möglich ist, beachtliche Leistungssteigerungen beim HSS-Wälzstoßen zu erzielen. Es ist nun erforderlich, auf dieser Grundlage weitere systematische Untersuchungen unter praxisnahen Bedingungen, insbesondere an anderen Verzahnungsgeometrien und Werkstoffen durchzuführen, um die noch vorhandenen Reserven von Maschine und Schneidstoff nutzbar zu machen.

3.4 Übertragbarkeit der gefundenen Ergebnisse

Im Rahmen des vorliegenden Forschungsvorhabens konnten nicht alle Einflußparameter (s. Bild 2) untersucht werden, stattdessen war es das Ziel, die wichtigsten Zusammenhänge zwischen den Ausgangsgrößen und dem Verschleißverhalten herzustellen. Im folgenden soll kurz die Übertragbarkeit der gefundenen Ergebnisse auf andere Verzahnungsgeometrien geprüft werden. Dazu dient zunächst ein Vergleich der Verschleißentwicklung bei Innen- und Außenverzahnungen. Im Anschluß daran wird das Verschleißverhalten bei anderen Werkrad-Zähnezahlen und anderer Werkradbreite untersucht.

Bei dem Vergleich von Innen- und Außenverzahnungen soll zunächst von einer Innenverzahnung mit z_2 = -68 und einem Wälzvorschub von 2,1 mm/DH ausgegangen werden. Die berechneten Spanungsquerschnitte sind in Bild 43 wiedergegeben.

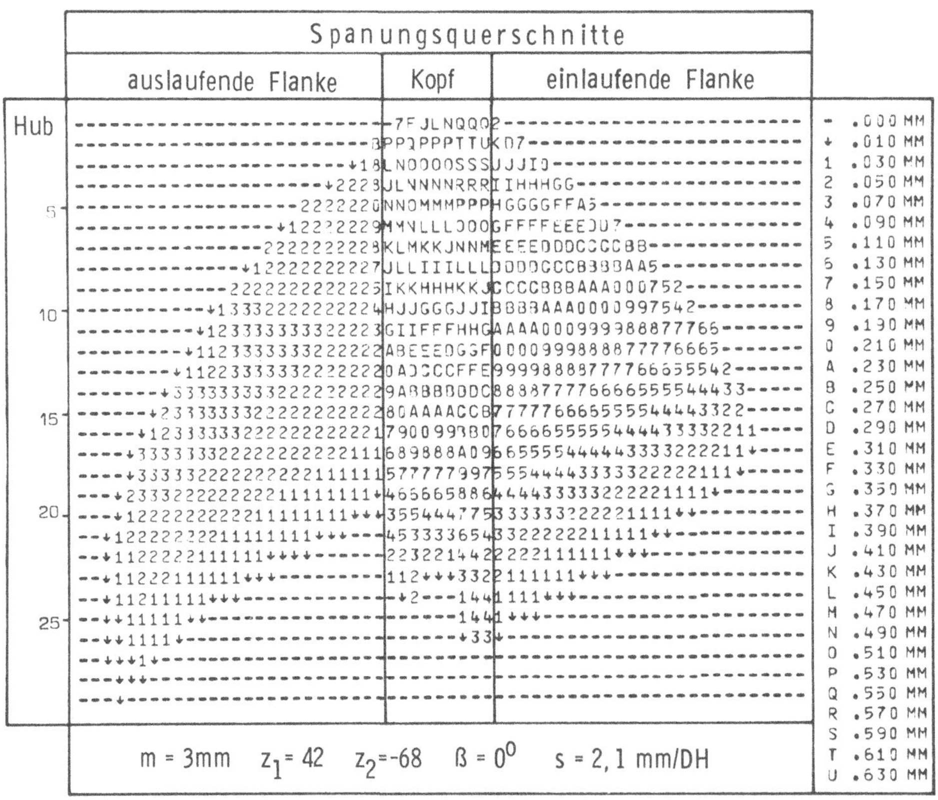

Bild 43: Spanungsquerschnitte einer Innenverzahnung bei s = 2.1mm/DH

Die maximalen Spanungsdicken am Zahnkopf betragen etwa 0,67 mm (Symbol "W"). Dieser Verzahnung wurde nun rein rechnerisch eine Außenverzahnung mit z_2 = 42 gegenübergestellt, für die der Wälzvorschub mit Hilfe des eingangs beschriebenen Rechnerprogramms so gewählt wurde, daß in etwa gleiche Spanungsdicken entstehen. Der entsprechende Rechner-Output ist in Bild 44 dargestellt. Bei den gewählten Verzahnungsdaten entspricht also der Innenverzahnung mit s = 2,1 mm/DH die Außenverzahnung mit s = 1 mm/DH.

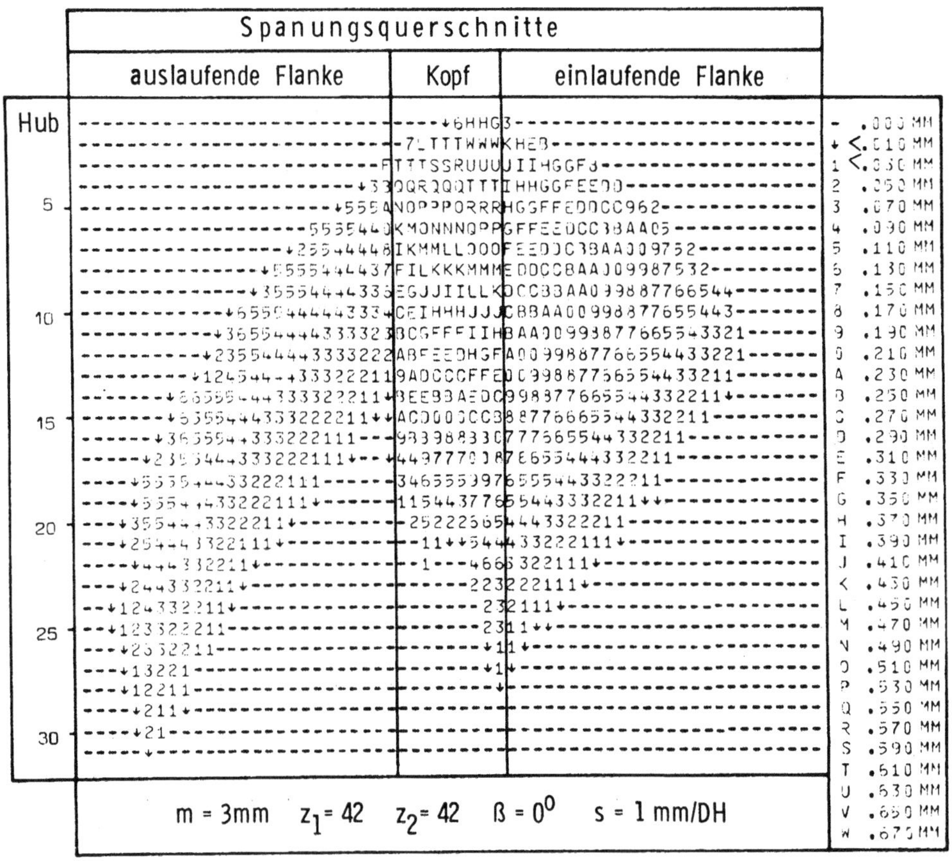

Bild 44: Spanungsquerschnitte einer Außenverzahnung mit s=1,0mm/DH

Für die beiden Auslegungen wurden anschließend an die Berechnung je eine Verschleißkurve ermittelt. Die Ergebnisse sind in Bild 45 dargestellt. Bei gleichen Schneidraddaten, gleichem Werkstückmaterial und gleicher Schnittgeschwindigkeit lieferten die beiden Auslegungen ein ähnliches Verschleißverhalten.
Im Bild ist zusätzlich eine andere Paarung von Außen- und Innenverzahnung eingetragen, die auf gleiche Weise (durch Spanquerschnittsberechnung) gefunden wurde. Auch hier ist eine gute Übereinstimmung im Verschleißverhalten zu beobachten.

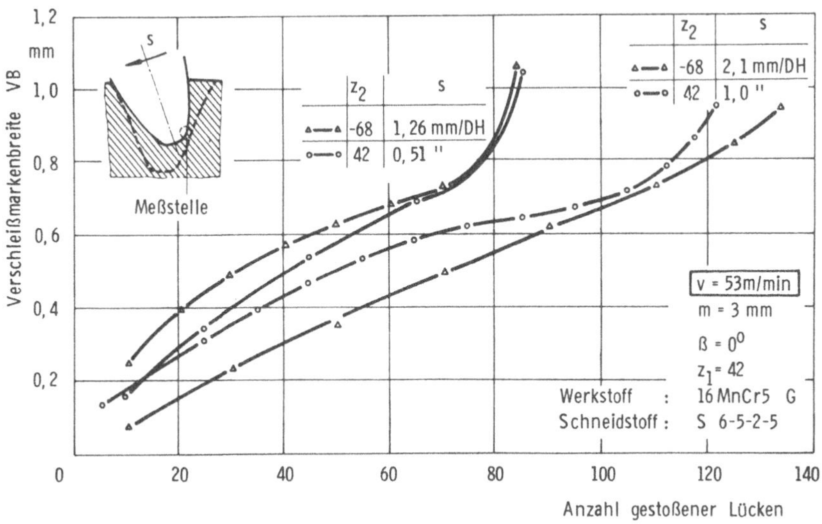

Bild 45: Standzeitvergleich von Außen- und Innenverzahnung

Diese Ergebnisse zeigen, daß es prinzipiell möglich ist, auf der Basis der Spanungsquerschnitte verschiedene Verzahnungsgeometrien hinsichtlich des Verschleißverhaltens zu vergleichen. Es ist allerdings noch eine Reihe weiterer Untersuchungen, insbesondere bei Schrägverzahnungen und anderen Werkstückmaterialien erforderlich, um hier quantitative Aussagen zu liefern.

Im Rahmen dieses Forschungsvorhabens konnte nur zwei weiteren Einflüssen nachgegangen werden: der Radbreite und der Zähnezahl.

Bild 46 zeigt eine Gegenüberstellung der Standmengen, dargestellt in Form der insgesamt gestoßenen Werkradbreite für zwei verschiedene Verzahnungsbreiten und unterschiedliche Wälzvorschübe einer Innenverzahnung. Dem Bild kann entnommen werden, daß die Standmenge im Falle kleiner und mittlerer Wälzvorschübe bei größerer Werkradbreite günstiger ist. Im Falle von s = 2,4 mm/DH ergibt sich dagegen eine Verschlechterung gegenüber schmalen Werkstücken. Dies ist im wesentlichen auf eine erhöhte thermische Belastung infolge mangelnder Kühlung und Behinderungen im Spanablauf zurückzuführen. Jedoch gilt auch für die Radbreite 50 mm wie für die Radbreite 25 mm im angegebenen Fall, daß mit einer Vergrößerung des Wälzvorschubs eine größere Standmenge erzielt werden kann.

Schließlich wurde, wie Bild 47 zeigt, dem Einfluß der Werkrad-Zähnezahl auf das Standzeitverhalten nachgegangen.

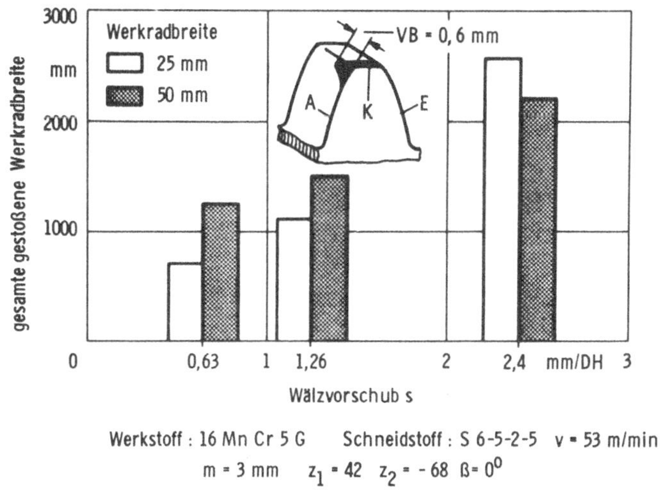

Bild 46: Einschnittbearbeitung bei unterschiedlicher Werkradbreite

Im Bild sind die erzielten Standmengen bei VB = 0,6 mm für verschiedene Werkrad-Zähnezahlen und Wälzvorschübe dargestellt. Im untersuchten Bereich zeigt sich nur ein geringer Einfluß der Zähnezahl auf die Standmenge. Wie die eingezeichnete Begrenzung zeigt, ist bei kleineren Zähnezahlen besondere Vorsicht hinsichtlich der Kollision geboten. Andere Grenzen für die untersuchte Verzahnung sind die Unterschreitung der

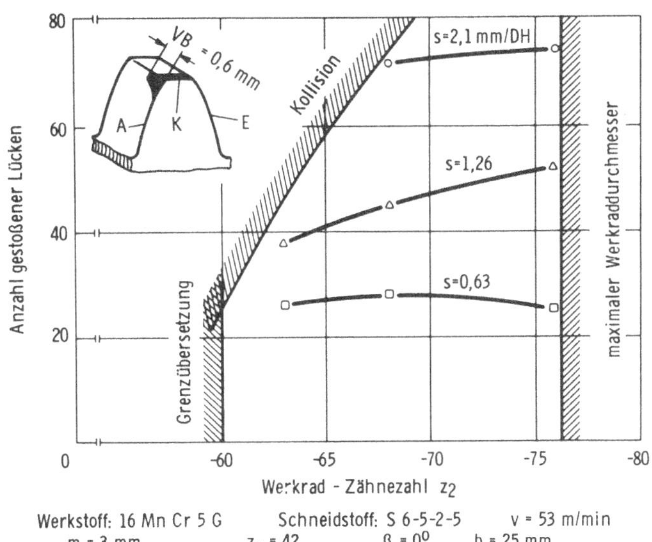

Bild 47: Einschnittbearbeitung bei verschiedenen Werkradzähnezahlen

Grenzübersetzung und dem dadurch bedingten Verschnitt und auf der anderen Seite der maximal bearbeitbare Werkraddurchmesser auf der Maschine. Aus dem Bild geht jedoch eindeutig der günstigere Einfluß eines hohen Wälzvorschubs auf die erzielte Standmenge hervor, wie der Verlauf der Kurven für s = 0,63, s = 1,26 und s = 2,1 mm/DH zeigt.

Ziel der vorliegenden Untersuchungen war es, Möglichkeiten der Leistungssteigerung beim Wälzstoßen auf Grund der Zerspankinematik aufzuzeigen. Es kann festgehalten werden, daß unter der Bedingung, daß keine Kollision auftritt, eine beachtliche Erhöhung des Wälzvorschubs möglich ist. Eine Übertragung der hier gefundenen Ergebnisse auf andere Verzahnungen kann mit Hilfe der Berechnung der Spanungsquerschnitte und deren Vergleich vorgenommen werden.

4. WÄLZSTOSSEN MIT HARTMETALL

Aus den Untersuchungen über das HSS-Wälzstoßen geht hervor, daß besonders hinsichtlich der Schnittgeschwindigkeit eine obere Grenze vorliegt. Durch den Einsatz von Hartmetall läßt sich hier noch eine weitere Leistungssteigerung erzielen. Von der Maschinenseite her bestehen dazu aufgrund der hohen Hubzahlen und der steifen Bauweise der modernen Wälzstoßmaschinen die Voraussetzungen. Durch die Möglichkeit der Kollisionsberechnung kann eine für das Hartmetall unbedingt erforderliche kollisionsfreie Bearbeitung gewährleistet werden.

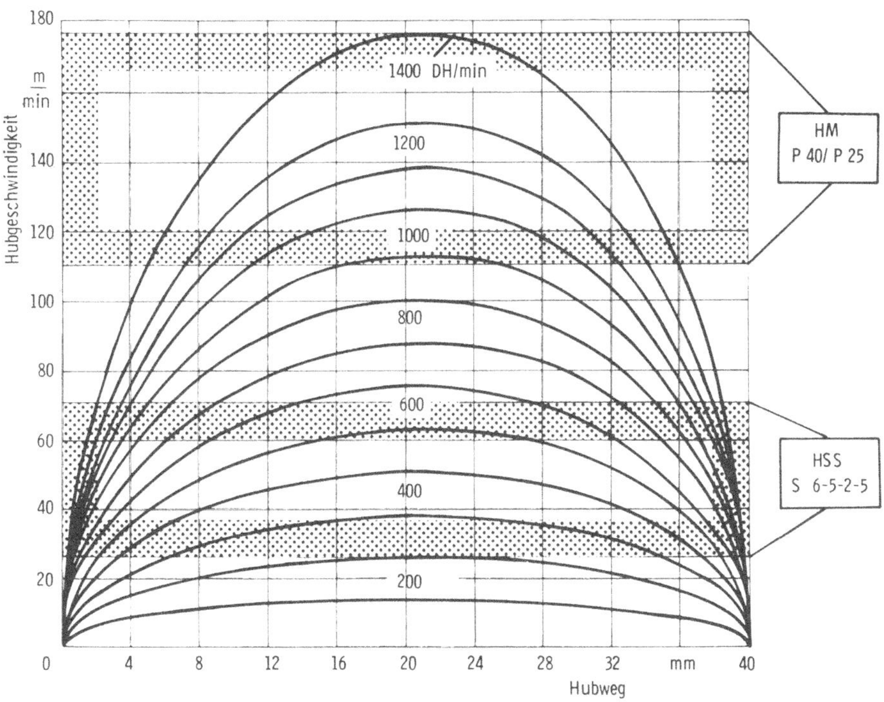

Bild 48: Schnittgeschwindigkeit beim Wälzstoßen mit HSS und HM

Bild 48 zeigt die Schnittgeschwindigkeitsbereiche für Schnellarbeitsstahl und Hartmetall der im Rahmen dieses Berichts durchgeführten Standzeituntersuchungen. Dabei sind die maximalen Hubgeschwindigkeiten für Hartmetall durch den Stoßspindelantrieb der Wälzstoßmaschine beschränkt. Für die HM-Untersuchungen wurde ein spezielles Schneidrad entwickelt, das im folgenden vorgestellt werden soll. Im Anschluß daran wird über die damit erzielten praktischen Ergebnisse berichtet.

4.1 Schneidrad mit HM-Wendeplatten

In der Industrie existieren bereits geradverzahnte Schneidräder, die teils aus Vollhartmetall bestehen, teils mit aufgelöteten HM-Segmenten versehen sind. Für die hier durchgeführten Grundlagenuntersuchungen erschienen sie nicht zweckmäßig, da sie nicht die nötige Variationsfreiheit hinsichtlich werkstofflicher und geometrischer Auslegung der Schneiden ermöglichen. Es wurde daher das in Bild 49 dargestellte Schneidrad in Wendeplattenbauweise entwickelt.

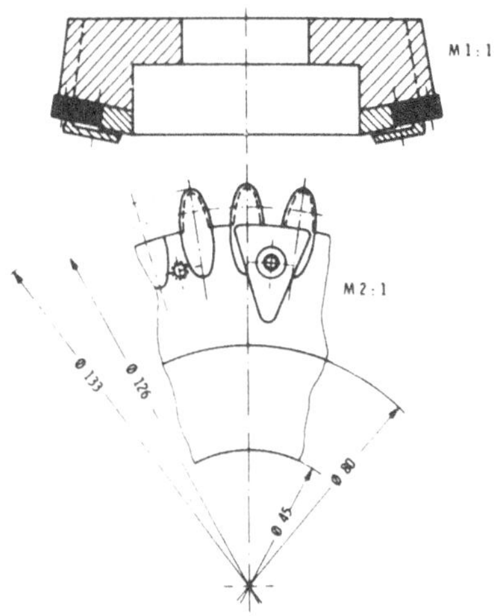

Bild 49: Schneidrad mit HM-Wendeplatten

Durch diese Konstruktion ergeben sich für den Einsatz folgende Vorteile:

1) Durch die Einspannung der Wendeplatten unter negativem Spanwinkel werden die Kontaktbedingungen im Schnitt verbessert. Es können Wendeplatten verwendet werden, die nicht hinterarbeitet sind. Das Profil der Wendeplatten, die 4-fach eingesetzt werden können, kann in einer gesonderten Vorrichtung auf einer Zahnradschleifmaschine hergestellt werden.

2) Im Falle eines Plattenbruchs oder Ausbruchs, wie dies gerade in Versuchen leicht auftreten kann, läßt sich die beschädigte Platte leicht ersetzen. Dadurch ergeben sich u. U. wirtschaftliche Vorteile gegenüber einer Vollhartmetall- oder einer HM-Segmentbauweise.

3) Durch die negative Einspannung unter 10° und die Verwendung einer Stützverzahnung ergibt sich eine sehr gute Einleitung der Hauptschnittkraft in den Grundkörper sowie die für den Hartmetalleinsatz erforderliche hohe Steifigkeit.

4) Mit der Wendeplattenbauweise wurde es speziell für die Versuche möglich, in einer Bestückung gleichzeitig Hartmetalle verschiedener Anwendungsgruppen und Hersteller zu verwenden. Der erforderliche Versuchsaufwand wird dadurch erheblich reduziert.

Mit dieser Schneidradkonstruktion wurde die Voraussetzung geschaffen, Standzeituntersuchungen an Außen- und Innenverzahnungen durchzuführen, deren Ziel es ist, die technologischen Voraussetzungen für den wirtschaftlichen Einsatz von Hartmetall im Bereich des Wälzstoßens zu ermitteln.

4.2 Versuchsergebnisse

Die Untersuchungen bezogen sich zunächst auf den Einfluß der HM-Qualität (ISO-Anwendungsgruppe), des Wälzvorschubs und der Schnittgeschwindigkeit auf die Standzeit beim Wälzstoßen von Außenverzahnungen. Mit der Möglichkeit der Kollisionsberechnung konnte auch das HM-Wälzstoßen von Innenverzahnungen stichprobenartig untersucht werden.
Es konnte festgestellt werden, daß für das HM-Wälzstoßen Hartmetalle der ISO-Anwendungsgruppen **P** 25 ... P 50, also Fräsqualitäten, erfolgreich sind, da sie der relativ hohen Stoßbeanspruchung am besten genügen.

In Bild 50 sind die wichtigsten Ergebnisse hinsichtlich des Einflusses von Schnittgeschwindigkeit und Wälzvorschub dargestellt. Der Verschleißanstieg war in allen Fällen sehr gering, d.h. es konnten gegenüber Schnellarbeitsstahl (Kurve ④) erhebliche Standzeitgewinne erzielt werden. Charakteristisch für das Verschleißverhalten ist Fall ① , bei dem mit v = 125 m/min und s = 0,31 mm/DH gestoßen wurde. Das Standzeitende war mit 380 gestoßenen Zahnlücken nach Auftreten von ausgeprägten Kammrissen durch einen Ausbruch in der Größenordnung der Verschleißmarkenbreite an der auslaufenden Flanke erreicht. Eine Erhöhung der Schnittgeschwindigkeit auf 175 m/min (Fall ③) brachte bei dem Hartmetall der Qualität **P** 40 eine Verschlechterung. Die einlaufende Flanke wies einen deutlich höheren Verschleiß auf, der dann entsprechend früher einen Ausbruch hervorrief.
Dagegen erscheint eine Erhöhung des Wälzvorschubs auf den doppelten Wert (Fall ②) günstiger zu sein. Die durch den vergrößerten Wälzvorschub gestiegenen Spanungsdicken und die verringerte Schnittzeit je Zahnlücke wirken sich positiv aus. Es bestätigt sich hier die gleiche Tendenz wie beim HSS-Wälzstoßen, wo bei mäßiger Schnittgeschwindigkeit mit erhöhten Wälzvorschüben die größte Zerspanleistung erzielt wurde.

Bei Innenverzahnungen besteht, wie bereits erwähnt, eine große Kollisionsgefahr im Falle hoher Wälzvorschübe. Insbesondere bei Hartmetall darf jedoch keine Zugbeanspruchung an der Schneidkante auftreten, da andernfalls Ausbrüche entstehen. Mit der Möglichkeit der Kollisionsberechnung war die Voraussetzung geschaffen, auch beim HM-Stoßen von

Innenverzahnungen hohe Wälzvorschübe anzuwenden.

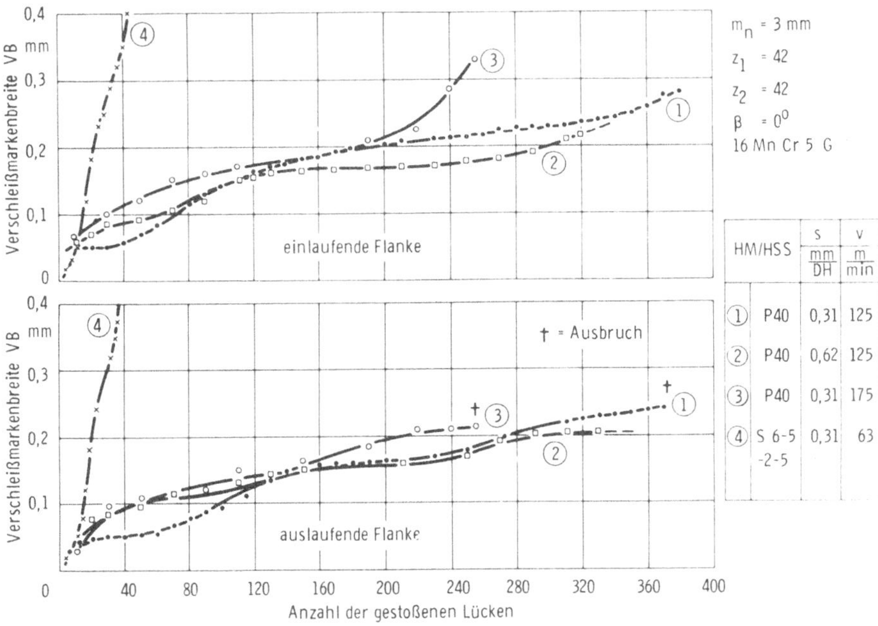

Bild 50: Versuchsergebnisse beim HM-Wälzstoßen

Bild 51 zeigt eine Gegenüberstellung der erzielten Standmengen beim HSS- und HM-Wälzstoßen einer Innenverzahnung mit z_2 = -68. In dem Säulendiagramm sind die Standmengen bei VB = 0,6 mm für das HSS-Stoßen mit s = 0,6 mm/DH (Fall ①) und s = 2,4 mm/DH (Fall ②) dargestellt. Hier zeigt sich zunächst der positive Effekt des vergrößerten Wälzvorschubs. Die Schnittgeschwindigkeit ist mit 55 m/min optimal gewählt worden. Bei Verwendung von Hartmetall wurde der große Wälzvorschub (s = 2,4 mm/DH) beibehalten, die Schnittgeschwindigkeit jedoch auf 114 m/min erhöht. Die erzielte Standmenge beträgt bei VB = 0,35 mm das 5-fache gegenüber HSS (Fall ②). Standzeitkriterium war eine Kammrißtiefe, die die Verschleißmarke übertrifft, wie sie in den Fotos rechts im Bild sichtbar ist. Ausbrüche traten nicht auf. Der erzielte Standmengengewinn, bzw. die erhöhte Zerspanleistung wirkt sich nun nicht direkt als Wirtschaftlichkeitsgewinn aus, da die Kosten eines HM-Schneidrads etwa 7-mal höher sind, als die eines entsprechenden HSS-Schneidrads.
Trotzdem lassen sich anhand der vorgestellten Untersuchungen zwei Tendenzen für den HM-Einsatz beim Wälzstoßen aufzeigen:

1) Einsatz zur Verringerung der Hauptzeiten und Erhöhung der Standzeiten,

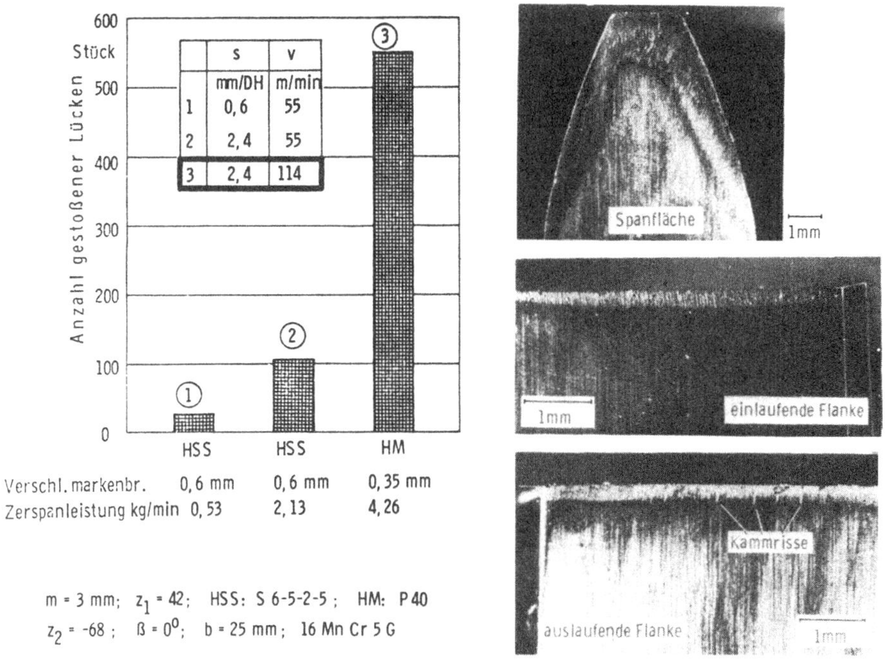

Bild 51: Standmengenvergleich beim HSS- und HM-Wälzstoßen

2) Einsatz bei Werkstoffen mit hoher Festigkeit.

Es sind jedoch noch eingehende Untersuchungen zur Ermittlung optimaler Bearbeitungsbedingungen für den HM-Einsatz erforderlich, insbesondere sind Untersuchungen der statischen und dynamischen Steifigkeit der Wälzstoßmaschinen von Interesse.

5. ZUSAMMENFASSUNG

Im Bereich des Wälzstoßens kann heute die Leistungsfähigkeit von Werkzeugmaschine und Schneidstoff nur teilweise ausgenutzt werden, da zum einen die auftretenden Schneidenbelastungen unbekannt sind, und zum anderen häufig nur geringe Wälzvorschübe verwirklicht werden können, wenn Kollisionen beim Rückhub des Schneidrads vermieden werden sollen.

In diesem Bericht wurde daher zunächst ein Berechnungsverfahren entwickelt, das die genaue Bestimmung der Zerspankinematik beim Wälzstoßen erlaubt. Damit war die Voraussetzung zu Leistungssteigerungen geschaffen. Durch eine exakte Kollisionsberechnung konnten die vorhandenen Reserven in der Wahl des Wälzvorschubs vor allem bei Innenverzahnungen ausgenutzt und wesentlich höhere Standmengen bei verminderten Hauptzeiten erzielt werden.

Auch für das Wälzstoßen mit Hartmetall konnten erste Ergebnisse sowohl bei Außen- als auch bei Innenverzahnungen vorgestellt werden, die eine bessere Nutzung von Schneidstoff und Werkzeugmaschine ermöglichen.

6. SCHRIFTTUM

1. Hans, J. — Gezielt wirtschaftlicher Wälzstoßen
VDI-Z 112 (1970) Nr. 4

2. Lorenz AG — Verzahnwerkzeuge
Badenia Verlag, Karlsruhe 1961

3. Lorenz AG — Differential beim Wälzstoßen LS 200
Firmenveröffentlichung 1969

4. Schilling, W. — Der Verschleiß an Drehwerkzeugen aus Schnellarbeitsstahl und seine Ursachen
Dissertation TH Aachen 1966

5. Sulzer, G. — Leistungssteigerung bei der Zylinderradherstellung durch genaue Erfassung der Zerspankinematik
Dissertation TH Aachen 1973

6. Sulzer, G. — STS-Digitalrechnerprogramm zur Bestimmung von Spannungsquerschnitten und Kollision beim Wälzstoßen-Langbeschreibung
Unveröffentlichtes Manuskript
WZL TH Aachen 1973

7. Thämer, R. — Untersuchung der Hauptschnittkraft beim Wälzstoßen von Geradstirnrädern
Dissertation TH Aachen 1963

Forschungsberichte des Landes Nordrhein-Westfalen

Herausgegeben im Auftrage des Ministerpräsidenten Heinz Kühn
vom Minister für Wissenschaft und Forschung Johannes Rau

Sachgruppenverzeichnis

Acetylen · Schweißtechnik
Acetylene · Welding gracitice
Acétylène · Technique du soudage
Acetileno · Técnica de la soldadura
Ацетилен и техника сварки

Arbeitswissenschaft
Labor science
Science du travail
Trabajo científico
Вопросы трудового процесса

Bau · Steine · Erden
Constructure · Construction material · Soilresearch
Construction · Matériaux de construction · Recherche souterraine
La construcción · Materiales de construcción · Reconocimiento del suelo
Строительство и строительные материалы

Bergbau
Mining
Exploitation des mines
Minería
Горное дело

Biologie
Biology
Biologie
Biologia
Биология

Chemie
Chemistry
Chimie
Quimica
Химия

Druck · Farbe · Papier · Photographie
Printing · Color · Paper · Photography
Imprimerie · Couleur · Papier · Photographie
Artes gráficas · Color · Papel · Fotografía
Типография · Краски · Бумага · Фотография

Eisenverarbeitende Industrie
Metal working industry
Industrie du fer
Industria del hierro
Металлообработывающая промышленность

Elektrotechnik · Optik
Electrotechnology · Optics
Electrotechnique · Optique
Electrotécnica · Optica
Электротехника и оптика

Energiewirtschaft
Power economy
Energie
Energía
Энергетическое хозяйство

Fahrzeugbau · Gasmotoren
Vehicle construction · Engines
Construction de véhicules · Moteurs
Construcción de vehículos · Motores
Производство транспортных средств

Fertigung
Fabrication
Fabrication
Fabricación
Производство

Funktechnik · Astronomie
Radio engineering · Astronomy
Radiotechnique · Astronomie
Radiotécnica · Astronomía
Радиотехника и астрономия

Gaswirtschaft
Gas economy
Gaz
Gas
Газовое хозяйство

Holzbearbeitung
Wood working
Travail du bois
Trabajo de la madera
Деревообработка

Hüttenwesen · Werkstoffkunde
Metallurgy · Materials research
Métallurgie · Matériaux
Metalurgia · Materiales
Металлургия и материаловедение

Kunststoffe
Plastics
Plastiques
Plásticos
Пластмассы

Luftfahrt · Flugwissenschaft
Aeronautics · Aviation
Aéronautique · Aviation
Aeronáutica · Aviación
Авиация

Luftreinhaltung
Air-cleaning
Purification de l'air
Purificación del aire
Очищение воздуха

Maschinenbau
Machinery
Construction mécanique
Construcción de máquinas
Машиностроительство

Mathematik
Mathematics
Mathématiques
Matemáticas
Математика

Medizin · Pharmakologie
Medicine · Pharmacology
Médecine · Pharmacologie
Medicina · Farmacología
Медицина и фармакология

NE-Metalle
Non-ferrous metal
Metal non ferreux
Metal no ferroso
Цветные металлы

Physik
Physics
Physique
Física
Физика

Rationalisierung
Rationalizing
Rationalisation
Racionalización
Рационализация

Schall · Ultraschall
Sound · Ultrasonics
Son · Ultra-son
Sonido · Ultrasónico
Звук и ультразвук

Schiffahrt
Navigation
Navigation
Navegación
Судоходство

Textilforschung
Textile research
Textiles
Textil
Вопросы текстильной промышленности

Turbinen
Turbines
Turbines
Turbinas
Турбины

Verkehr
Traffic
Trafic
Tráfico
Транспорт

Wirtschaftswissenschaften
Political economy
Economie politique
Ciencias económicas
Экономические науки

Einzelverzeichnis der Sachgruppen bitte anfordern

Westdeutscher Verlag GmbH
– Auslieferung Opladen –
567 Opladen, Postfach 1620

GPSR Compliance

The European Union's (EU) General Product Safety Regulation (GPSR) is a set of rules that requires consumer products to be safe and our obligations to ensure this.

If you have any concerns about our products, you can contact us on ProductSafety@springernature.com

In case Publisher is established outside the EU, the EU authorized representative is:

Springer Nature Customer Service Center GmbH
Europaplatz 3
69115 Heidelberg, Germany

Batch number: 10584556

Printed by Printforce, the Netherlands